JN016838

初級
ソフトウェア品質技術者資格試験（JCSQE）問題と解説

日科技連

まえがき

本書は，初級ソフトウェア品質技術者資格試験(JCSQE)の受験者向けの問題集です．この試験は，すべてのソフトウェア技術者が品質技術を身につけ，実践していくことにより，ソフトウェア品質の向上を実現することを目的として2008年12月に開始されました．それ以降，年2回(6月と11月)実施されており，2021年11月に実施された第27回の試験までに延べ10,759名が受験し，4,138名が合格しています．

試験問題は，『ソフトウェア品質知識体系ガイド－SQuBOK Guide－』(以下，SQuBOK Guide)にもとづいてソフトウェア品質に関する知識を幅広く問う内容になっており，出題範囲が「初級ソフトウェア品質技術者資格試験シラバス」(以下，初級シラバス)で示されています．SQuBOK Guideは2007年11月に第1版が出版され，その後2014年11月に第2版，2020年11月には第3版の『ソフトウェア品質知識体系ガイド(第3版)－SQuBOK Guide V3－』に改訂されました．これに伴って初級シラバスもVer. 3.0に改訂され，2021年11月からVer. 3.0に準拠した試験が開始されています．

SQuBOK Guide V3では，社会や技術が変化する中においても引き続き大切な品質管理の本質を踏まえながらソフトウェア品質の知識体系の再整理が行われ，その上に新たな分野におけるソフトウェア品質の知識領域が追加されています．具体的には，従前の「第1章 ソフトウェア品質の基本概念」，「第2章 ソフトウェア品質マネジメント」，「第3章 ソフトウェア品質技術」では，国際規格の改訂などに対応した更新や従来の知識の整理，集約が行われました．また，第3章の副カテゴリの「専門的品質特性のソフトウェア品質技術」は，社会の課題解決においてより注目されるようになっていることから，第3版では「第4章 専門的なソフトウェア品質の概念と技術」として独立し内容の充実が図られました．新たな分野としては，人工知能システム，IoTシステム，アジャイル開発とDevOps，クラウドサービス，オープンソフトウェア利活用の5つの知識領域が「第5章 ソフトウェア品質の応用領域」として追加されました．

初級ソフトウェア品質技術者資格試験(JCSQE)では4つの選択肢から正解を選ぶ形式の問題が40問出題されます．本書では，SQuBOK Guide V3，および初級シラバス Ver. 3.0 に沿って問題と解説を改訂するとともに，すべての知識領域をカバーするように問題と解説を追加して本試験と同様な形式の問題を 72 問そろえました．また，これまでは問題ごとに，「問題」，「正解」，「出題分野」，「正解の説明」，「解説」の 5 項目を記述する構成としていましたが，問題集としての使い勝手を考慮して「問題」編と「正解」以降の項目からなる「正解と解説」編に分離した構成にしました．巻末にはテスト形式で問題を解いたときの採点に便利なように「正解一覧」もつけましたので，次のような使い方がしやすくなりました．

- 最初にテスト形式で一気に問題を解いて「正解一覧」で採点することにより自分の実力を確認する．
- 「正解と解説」編で一通り学習したあと，テスト形式で問題を解いて採点し，知識が身についたかどうかを確認する．

ソフトウェアの品質は組織全員で作り込んで初めて達成されます．そのためには，ソフトウェア品質向上に関する知識を組織の全員が身につけ実践することが大切です．この知識を身につけるための有効な手段の 1 つがソフトウェア品質技術者資格試験(JCSQE)です．そして，本書もその一端を担うべく執筆しております．受験者のみなさまには，是非この問題と解説を活用していただき，ソフトウェア品質技術の理解を深められることを願っております．また，試験の合格はもとより，さらなる知識の拡大と深化を図り，ソフトウェア品質技術の本質の理解をめざしていただければ幸いです．多くの合格者が誕生し，日本のソフトウェア産業がますます発展することを願ってやみません．

この改訂版を出版するにあたって，お忙しい中，企画から執筆，校正まで，ご協力をいただいた執筆者のみなさまに感謝申し上げます．また，㈱日科技連出版社の鈴木兄宏氏，木村修氏，(一財)日本科学技術連盟の中西秀昭氏には大変お世話になりました．ここに改めて感謝の意を表します．

2022 年 3 月

著者を代表して
渡辺喜道

初級ソフトウェア品質技術者資格試験の内容とレベル

1. ソフトウェア品質技術者資格試験とは

ソフトウェア品質技術者資格認定制度(JCSQE：JUSE Certified Software Quality Engineer)は，すべてのソフトウェア技術者に品質技術を身につけ，実践していくことにより，ソフトウェア品質の向上を実現することを目的としています．対象となるのは，品質保証部門だけでなく，開発者，テストエンジニアなどソフトウェア品質に携わるすべての方です．

ソフトウェア品質技術者資格認定制度は，初級，中級，上級の3段階により構成されます． 初級ソフトウェア品質技術者資格試験は年2回(6月と11月)，中級ソフトウェア品質技術者資格試験は年1回(11月)，定期的に実施しています．上級ソフトウェア品質技術者資格試験については今後新設していく予定です．また，最新の情報は下記のWebサイトに掲載されています．

https://www.juse.jp/jcsqe/

2. 資格取得のメリット

【企業として】

- 企業体質の強化，改善につなげることができます．
- 全社にソフトウェア品質の考え方を啓蒙・普及する一助となりえます．
- 人事制度，資格制度などとリンクさせることにより，計画的な人材育成が可能となります．
- 社員の能力開発が期待でき，相乗効果が期待できます．
- 取引先に対して，自社で“ソフトウェア品質力”を有している人材がいることを強調できます．

【個人として】

- あなたの“ソフトウェア品質力”が第三者(日本科学技術連盟)から認定されます．受験をきっかけに，SQuBOK Guideを勉強することになり，ソフトウェア品質に関する知識を高めることができます．
- 外部に対して，専門知識を有していることを証明できます．

※本資格は，「スキル標準ユーザー協会（SSUG）」の「IT スキル標準（ITSS）のキャリアフレームワークと認定試験・資格とのマップ」に取り上げられています．

3. 初級ソフトウェア品質技術者資格試験の内容

- 複数の選択肢から正解を選ぶタイプの問題が 40 問出題されます．
- 試験時間は 60 分です．
- 合格ラインは難易度により多少変動しますが 70%前後です．
- 出題範囲は初級シラバス（Ver. 3.0）に準拠しています．シラバス内には，知識レベルを設けておりますが，知識レベル 1 ～ 3 で出題されます．知識レベル（表 1）をご参照ください．また，SQuBOK の樹形図は図 1 に示します．

※シラバスは不定期に更新されることがあります．ご注意ください．

表1　知識レベル

レベル（L）	補足説明
レベル1（L1）：知っている	概念や用語を知っており，その概要を述べることができる．
レベル2（L2）：知識を説明できる	概念や用語の意味や背景を理解しており，具体的な例を挙げて説明することができる．
レベル3（L3）：概念と使い方がわかる	概念や技術の使い方がわかっており，それらを適切に選択して，限られた条件の下で与えられた課題を解決できる．
レベル4（L4）：詳しく理解し応用できる	概念や技術を詳しく理解しており，実用的な問題を解決するために，その知識を応用できる．
レベル5（L5）：熟達している	実社会の複雑な問題に対して，構造を明らかにして要素に分解するとともに，解決に必要な検討を加えて結論を導くことができる．

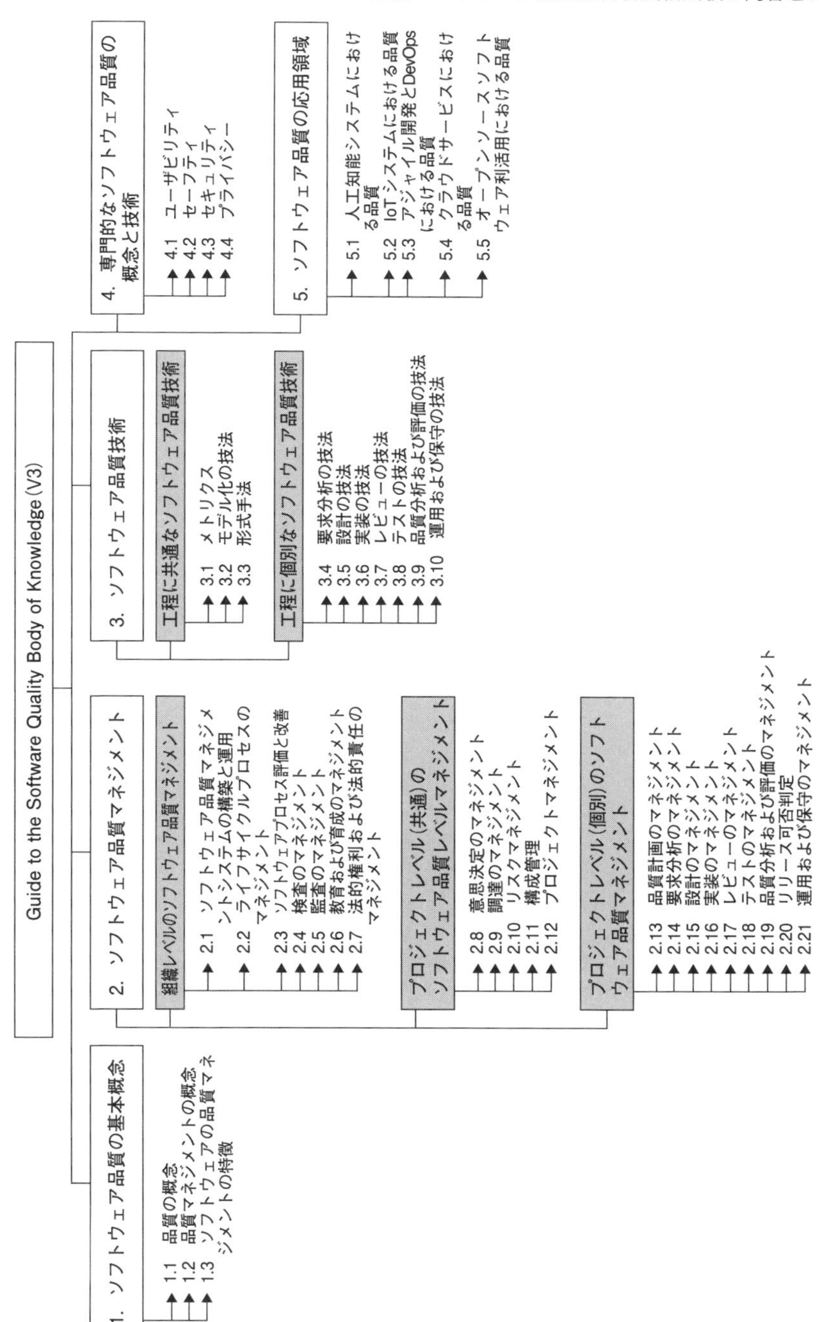

図1 SQuBOK樹形図（全体）

4. 初級ソフトウェア品質技術者資格試験 出題範囲（シラバス Ver. 3.0）

ソフトウェア品質知識体系	学習対象となる用語，概念	知識レベル
1. ソフトウェア品質の基本概念		
1.1 KA：品質の概念	品質の概念，品質要求，QCD，Trustworthiness，コトづくり，エラー，バグ，フォールト，故障（failure），障害（fault），機能性欠陥，発展性欠陥	L1
1.1.1 S-KA：品質の定義（品質の考え方の変遷）	設計品質，適合品質，一元的品質，当たり前品質，魅力的品質，品質管理，デミング賞，ディペンダビリティ，ISO 9000シリーズ，ISO/IEC 25000 シリーズ（SQuaRE）	L1
1.1.2 S-KA：ソフトウェア品質モデル	ソフトウェア品質モデル，システムおよびソフトウェア製品の品質モデル，製品品質モデル，利用時の品質モデル，データ品質モデル特性，ISO/IEC 25000 シリーズ（SQuaRE），品質特性，セキュリティ，リスク回避性，移植性，機能適合性，互換性，効率性，使用性，信頼性，性能効率性，保守性，満足性，有効性，利用状況網羅性	L1
1.2 KA：品質マネジメントの概念	品質マネジメント，品質改善，品質管理（quality control），品質計画，品質保証（quality assurance），品質方針，品質目標，ISO 9000シリーズ，TQC，TQM，検査重点主義，現地現物，工程管理重点主義，小集団活動，新製品開発重点主義，全員参加	L2
1.2.1 S-KA：品質保証の考え方	品質保証	L2
1.2.2 S-KA：改善の考え方	改善の考え方，改善（KAIZEN），全員参加，OODA，PDCA，QC サークル活動	L2
1.3 KA：ソフトウェアの品質マネジメントの特徴	ソフトウェアの品質マネジメント，系統故障，故障モード，故障率，MTBF，アジャイル開発，ソフトウェアエンジニアリング，デザインパターン	L2
1.3.1 S-KA：プロダクト品質とプロセス品質	プロセス品質，プロダクト品質，ライフサイクル，ISO/IEC 25010，外部特徴，内部特徴，品質管理手法，品質工学，利用時の品質	L2
1.3.2 S-KA：品質作り込み技術の考え方	品質作り込み技術，デザインパターン，アーキテクチャパターン，アナリシスパターン，アンチパターン，モデル化，UML，ステートマシン図，状態遷移モデル，モデル検査，形式手法，形式言語，形式仕様記述，シミュレーション	L2
1.3.3 S-KA：システムおよびソフトウェアの測定と評価の考え方	システムおよびソフトウェアの測定，測定プロセス，評価プロセス，測定量，品質モデル，ISO/IEC 15939，ISO/IEC 25000 シリーズ（SQuaRE）	L2
1.3.4 S-KA：V&V（Verification & Validation）	V&V，Validation（妥当性確認），Verification（検証），IV&V（Independent V&V），ニーズ充足性，仕様適合性，CMMI（能力成熟度モデル統合），ISO 9000シリーズ，ISO/IEC/IEEE 24765	L2
2. ソフトウェア品質マネジメント		
2.1 KA：ソフトウェア品質マネジメントシステムの構築と運用	ソフトウェア品質マネジメントシステムの構築と運用，品質マネジメントシステム，QMS	L1

ソフトウェア品質知識体系	学習対象となる用語，概念	知識レベル
2.1.1　S-KA：品質マネジメントシステム	品質マネジメントシステム，ISO 9000シリーズ，品質マネジメントシステム－持続的成功の指針（JIS Q 9005），TQM	L1
2.1.2　S-KA：セキュリティのマネジメント	セキュリティのマネジメント，コモンクライテリア，ISMS（情報セキュリティマネジメントシステム），CC/CEM	L1
2.2　KA：ライフサイクルプロセスのマネジメント	ライフサイクルプロセス，ISO/IEC 12207，ISO/IEC 15288	L1
2.2.1　S-KA：ライフサイクルモデル	ライフサイクルモデル	L1
2.2.2　S-KA：プロセスモデル	プロセスモデル，ウォーターフォールモデル，反復型開発，プロトタイピング，プロトタイプ，スパイラルモデル，アジャイル開発，プロダクトライン開発，派生開発（XDDP）	L1
2.3　KA：ソフトウェアプロセス評価と改善	ソフトウェアプロセス評価と改善	L1
2.3.1　S-KA：ソフトウェアプロセス評価モデル	ソフトウェアプロセス評価モデル，CMMI（能力成熟度モデル統合），プロセスアセスメントに関する規格（ISO/IEC 33000シリーズ），Automotive SPICE，ISO/IEC 33000シリーズ，TMMi（テスト成熟度モデル統合），TPI（テストプロセス改善）	L1
2.3.2　S-KA：ソフトウェアプロセス改善技法	ソフトウェアプロセス改善技法，IDEAL，PSP（パーソナル・ソフトウェア・プロセス），QCサークル活動，TSP（チーム・ソフトウェア・プロセス），シックスシグマ	L1
2.4　KA：検査のマネジメント	検査のマネジメント，検査，検査計画，合否判定	L1
2.5　KA：監査のマネジメント	監査のマネジメント，監査，プロセス監査，プロダクト監査，第二者監査，購買先プロセス監査	L1
2.6　KA：教育および育成のマネジメント	教育および育成のマネジメント，ISTQB，JCSQE（ソフトウェア品質技術者資格試験）	L1
2.6.1　S-KA：スキル標準	スキル標準，CCSF（共通キャリア・スキルフレームワーク，ETSS（組込みスキル標準），iCD（i コンピテンシディクショナリ），ITSS（IT スキル標準），ITSS+，UISS（情報システムユーザースキル標準）	L1
2.6.2　S-KA：開発現場における教育および育成のマネジメント	教育および育成のマネジメント，キャリア開発計画，チームビルディング，動機付け	L1
2.7　KA：法的権利および法的責任のマネジメント	法的権利および法的責任のマネジメント，PL 法（製造物責任法），個人情報保護法，知的財産権法，著作権法，特許法，不正アクセス禁止法	L1
2.8　KA：意思決定のマネジメント	意思決定のマネジメント，Quality Gate	L1
2.9　KA：調達のマネジメント	調達のマネジメント，オフショア開発，外部委託	L1
2.9.1　S-KA：請負契約による外部委託	請負契約による外部委託，外部委託，オフショア開発	L1

ソフトウェア品質知識体系	学習対象となる用語，概念	知識レベル
2.10　KA：リスクマネジメント	リスクマネジメント	L1
2.10.1　S-KA：リスクマネジメントプロセス	リスクマネジメントプロセス	L1
2.10.2　S-KA：リスク識別および特定	リスク識別，リスク特定，FMEA，FTA，HAZOP，保証ケース	L1
2.10.3　S-KA：リスク分析および算定	リスク分析，リスク算定	L1
2.10.4　S-KA：リスク評価および対応	リスク評価，リスク対応	L1
2.11　KA：構成管理	構成管理，バージョン管理，基準線（ベースライン），変更管理	L2
2.11.1　S-KA：変更管理	変更管理	L2
2.11.2　S-KA：バージョン管理	バージョン管理	L2
2.11.3　S-KA：不具合管理	不具合管理	L2
2.11.4　S-KA：トレーサビリティ管理	トレーサビリティ管理	L2
2.12　KA：プロジェクトマネジメント	プロジェクトマネジメント	L1
2.12.1　S-KA：PMBOK（プロジェクトマネジメント知識体系）	PMBOK（プロジェクトマネジメント知識体系）	L1
2.12.2　S-KA：プロジェクトマネジメントに関する規格	プロジェクトマネジメントに関する規格，IPMA，PRINCE2，プロジェクト& プログラムマネジメント（P2M）	L1
2.13　KA：品質計画のマネジメント	品質計画のマネジメント，品質計画，品質計画書，費用便益分析，ベンチマーキング	L1
2.14　KA：要求分析のマネジメント	要求分析のマネジメント，機能要求，非機能要求，要求仕様化，要求抽出	L1
2.15　KA：設計のマネジメント	設計のマネジメント	L1
2.16　KA：実装のマネジメント	実装のマネジメント，コーディング規約およびガイド	L1
2.17　KA：レビューのマネジメント	レビューのマネジメント，レビュー，デザインレビュー	L1
2.18　KA：テストのマネジメント	テストのマネジメント，ISO/IEC/IEEE 29119シリーズ	L1
2.18.1　S-KA：テストプロセス	テストプロセス，V字モデル，W字モデル，品質を作り込む工程，品質を確認する工程	L1
2.18.2　S-KA：テストの構造	テストの構造，テストタイプ，テストレベル	L1
2.18.3　S-KA：テストの計画と遂行	テストの計画と遂行	L1
2.18.4　S-KA：テストに関する標準	テストに関する標準，ISO/IEC/IEEE の29119シリーズ	L1
2.19　KA：品質分析および評価のマネジメント	品質分析および評価のマネジメント，プロセス品質，プロダクト品質	L1

ソフトウェア品質知識体系	学習対象となる用語，概念	知識レベル
2.19.1 S-KA：プロダクト品質とプロセス品質の分析および評価	プロセス品質，プロダクト品質	L1
2.20 KA：リリース可否判定	リリース可否判定，リリース，出荷判定，特別採用	L1
2.21 KA：運用および保守のマネジメント	運用および保守のマネジメント，ITIL，SLA，SLM	L1
2.21.1 S-KA：ITIL	ITIL，BCP，SVC（サービス・バリューチェーン），インシデント管理，キャパシティおよびパフォーマンス管理，サービス継続性管理，リリース管理，可用性管理，問題管理	L1
2.21.2 S-KA：SLA（サービスレベルアグリーメント）とSLM（サービスレベルマネジメント）	SLA（サービスレベルアグリーメント），SLM（サービスレベルマネジメント）	L1
2.21.3 S-KA：サービスマネジメントに関する規格（ISO/IEC 20000シリーズ）	サービスマネジメントに関する規格（ISO/IEC 20000シリーズ），SMS（サービスマネジメントシステム）	L1
2.21.4 S-KA：保守に関する規格（ISO/IEC 14764）	保守に関する規格（ISO/IEC 14764），完全化保守，緊急保守，是正保守，適応保守，予防保守	L1
3. ソフトウェア品質技術		
3.1 KA：メトリクス	メトリクス，測定量，属性，プロセスメトリクス，プロダクトメトリクス，規模のメトリクス，製品品質メトリクス，複雑度のメトリクス，利用時の品質メトリクス	L2
3.1.1 S-KA：測定理論	測定理論，GQM，間隔尺度，基本測定量，指標，尺度，順序尺度，測定プロセス，測定量，導出測定量，比率尺度，評定水準，品質測定量要素（QME），名義尺度	L2
3.1.2 S-KA：プロダクトメトリクス	プロダクトメトリクス，内部メトリクス，外部メトリクス，内部測定量，外部測定量，品質測定量要素（QME），製品品質メトリクス，製品品質，製品品質モデル，品質特性，品質副特性，利用時の品質メトリクス，利用時の品質，利用時の品質モデル，規模メトリクス，LOC（ソースコード行数），機能規模，ファンクションポイント，複雑度のメトリクス	L2
3.1.3 S-KA：プロセスメトリクス	プロセスメトリクス，プロダクトメトリクス	L2
3.2 KA：モデル化の技法	モデル化の技法，モデル，モデルベース開発（MBD），モデル駆動開発（MDD），モデルベース・システム開発（MBSD）	L1
3.2.1 S-KA：離散系のモデル化技法	離散系のモデル化技法，MBSE，OMG，SysML，UML，システムズエンジニアリング，モデル駆動開発（MDD），構造化チャート	L1
3.2.2 S-KA：連続系のモデル化技法	連続系のモデル化技法	L1
3.2.3 S-KA：ドメイン特化言語	ドメイン特化言語（DSL）	L1

ソフトウェア品質知識体系	学習対象となる用語，概念	知識レベル
3.3　KA：形式手法	形式手法	L1
3.3.1　S-KA：形式仕様記述の技法	形式仕様記述の技法，形式言語	L1
3.3.2　S-KA：形式検証の技法	形式検証の技法，モデル検査，形式検証，定理証明	L1
3.4　KA：要求分析の技法	要求分析の技法，製品要求，プロセス要求，機能要求，非機能要求，プロセスパラメーター	L2
3.4.1　S-KA：要求抽出	要求抽出，要求獲得，要求開発(openthology)，要求開発アライアンス，ステークホルダー，ステークホルダー識別，一次ステークホルダー，二次ステークホルダー	L2
3.4.2　S-KA：要求分析	要求分析，機能要求分析，非機能要求分析，品質機能展開(QFD)，品質表，要求可変性分析，構造化分析，概念モデル，NFRフレームワーク，Planguage，ユーティリティツリー，非機能要求グレード，非機能要求定義ガイドライン，フィーチャー，フィーチャーツリー，フィーチャーマトリクス，プロダクトライン開発	L2
3.4.3　S-KA：要求仕様化	要求仕様化，ソフトウェア要求仕様，オブジェクト指向分析，構造化分析，派生開発，ConOps，USDM(要求仕様記述法)	L2
3.4.4　S-KA：要求の妥当性確認と評価	要求の妥当性確認と評価，プロトタイピング，受け入れテスト	L2
3.5　KA：設計の技法	設計の技法，ソフトウェア詳細設計，ソフトウェア設計，ソフトウェア方式設計	L2
3.5.1　S-KA：方式設計の技法	方式設計の技法，アーキテクチャ設計，ソフトウェアアーキテクチャ，ソフトウェアアーキテクチャ設計，品質に基づくアーキテクチャ設計および評価技法，パターン，アーキテクチャパターン，構造化設計，部品化の技法，オブジェクト，オブジェクト指向設計，コンポーネント，コンポーネントベース設計，サービス指向設計，フレームワーク，Webアプリケーションフレームワーク，クラウドシステム，ADD，ATAM，Black board，CBAM，DFD，DSM(依存関係マトリクス)，IoTシステム，Layers，MVC，Pipes and Filters，PofEAA，POSA，QAW，Ruby on Rails	L2
3.5.2　S-KA：詳細設計の技法	詳細設計の技法，クラス設計の原則，パッケージ設計の原則，コンポーネント，ソフトウェアインターフェース，ソフトウェアパターン，デザインパターン，GoF，TDD(テスト駆動開発)，リファクタリング	L2
3.6　KA：実装の技法	実装の技法，契約による設計，DbC，コーディング規約，コーディングガイド，MISRA-C，IDE(統合開発環境)，ソフトウェアパターン，リファクタリング 静的解析ツール	L2
3.7　KA：レビューの技法	レビューの技法，レビュー，オーディット，マネジメントレビュー	L3

ソフトウェア品質知識体系	学習対象となる用語，概念	知識レベル
3.7.1　S-KA：レビュー方法	レビュー方法，レビュー，アドホックレビュー，インスペクション，ウォークスルー，チームレビュー，テクニカルレビュー，パスアラウンド，ピアデスクチェック，ペアプログラミング，モダンコードレビュー，ラウンドロビンレビュー，XP（エクストリーム・プログラミング）	L3
3.7.2　S-KA：仕様やコードに基づいた技法	仕様やコードに基づいた技法，ATAM，アルゴリズム分析，インターフェース分析，パストレース，モジュール展開，ラン・スルー，形式手法に基づくレビュー 制御フロー分析，静的解析，複雑度分析	L3
3.7.3　S-KA：フォールトに基づいた技法	フォールトに基づいた技法，ソフトウェアFMEA，ソフトウェアFMECA，FTA，エラーモード，EMEA，BCP，DRP，STAMP，STPA，アクシデントモデル	L3
3.7.4　S-KA：リーディング技法	リーディング技法，アドホックリーディング，シナリオベースドリーディング（SBR），チェックリストベースドリーディング（CBR），ディフェクトベースドリーディング（DBR），パースペクティブベースドリーディング（PBR），ユーセージベースドリーディング（UBR）	L3
3.8　KA：テストの技法	テストの技法	L3
3.8.1　S-KA：テスト設計技法	テスト設計技法，仕様に基づいた技法，コードに基づいた技法，経験および直感に基づいた技法，フォールトに基づいた技法，リスクに基づいた技法，利用に基づいた技法，組み合わせの技法，コード解析技法，All-pair法，CFD技法，HAYST法，Pairwise法，アドホックテスト，エラー推測，クラシフィケーションツリー，グレーボックステスト，コード解析技法，データフローテスト，デシジョンテーブルテスト，リスクベースドテスト，テスト設計，ドメイン分析，トランザクションフローテスト，ブラックボックステスト，フローグラフ，ペアワイズテスト，ホワイトボックステスト，ミューテーションテスト，モデルベースドテスト，ユーザーストーリーテスト，ユーザー環境シミュレーションテスト，ユースケーステスト，ランダムテスト，リスクベースドテスト，ローカライゼーションテスト，運用プロファイルによるテスト，境界値分析，原因結果グラフ法，実験計画法，条件網羅，状態遷移テスト，制御フローテスト，整合性確認テスト，静的コード解析，静的テスト技法，静的解析，探索的テスト，直交配列表，直交表テスト，動的テスト技法，同値クラス，同値パーティション，同値分割法，分岐網羅，命令網羅，網羅基準，網羅率（カバレッジ）	L3
3.8.2　S-KA：テスト自動化技法	テスト自動化技法，ユーザビリティテスト，リグレッションテスト，回帰テスト，継続的インテグレーション，性能テスト，負荷テスト	L3
3.9　KA：品質分析および評価の技法	品質分析および評価の技法	L3
3.9.1　S-KA：信頼性予測に関する技法	信頼性予測に関する技法，ソフトウェア信頼性モデル，ソフトウェア信頼度成長モデル，Fault-Prone分析，静的モデル，動的モデル，リファクタリング	L3

ソフトウェア品質知識体系	学習対象となる用語，概念	知識レベル
3.9.2 S-KA：品質進捗管理に関する技法	品質進捗管理に関する技法，PTR 発生およびバックログ予測モデル，PTR（問題追跡報告）サブモデル，Rayleighモデル，VA，VE，価値工学，工数・成果マトリクス，工数・成果モデル，品質ダッシュボード，問題追跡報告	L3
3.9.3 S-KA：障害分析に関する技法	障害分析に関する技法，ODC（直交欠陥分類），なぜなぜ分析，バグトラッキング情報，バグ分析	L3
3.9.4 S-KA：データ解析と表現に関する技法	データ解析と表現に関する技法，PDPC法，p管理図，u管理図，管理図，QC七つ道具，新QC七つ道具，アロー・ダイアグラム法，カイ二乗検定，グラフ，クロス集計表，ソフトウェア開発データ白書，チェックシート，パレート図，ヒストグラム，ポアソン分布，マトリクス・データ解析法，マトリクス図法，レーダーチャート，因子分析，回帰分析，単回帰分析，重回帰分析，共起ネットワーク分析，系統図法，散布図，主成分分析，親和図法，正規分布，層別，相関分析，多変量解析，特性要因図，二項分布，箱ひげ図，判別分析，連関図法	L3
3.10 KA：運用および保守の技法	運用および保守の技法	L3
3.10.1 S-KA：運用の技法	運用の技法，クラウドサービス，ソフトウェア若化，仮想化	L2
3.10.2 S-KA：保守の種類と技法	保守の種類，保守の技法，完全化保守，緊急保守，是正保守，適応保守，予防保守，コードクローン，コードクローン分析，プログラム理解，リエンジニアリング，リバースエンジニアリング，リファクタリング	L2
4. 専門的なソフトウェア品質の概念と技術		
4.1 KA：ユーザビリティ	ユーザビリティ	L1
4.1.1 S-KA：ユーザビリティの品質の概念	ユーザビリティの品質の概念，ユーザビリティ，使用性，利用時の品質，UX（User eXperience），魅力的品質	L1
4.1.2 S-KA：ユーザビリティの技法	ユーザビリティの技法，CIF，人間工学-インタラクティブシステムの人間中心設計（ISO 9241-210），エキスパートレビュー，セーフティ，セキュリティ，ビジネスエスノグラフィ，ヒューリスティック法，ユーザビリティテスト，ユーザビリティラボ，思考発話法，認知的ウォークスルー	L2
4.2 KA：セーフティ	セーフティ，セーフティ・クリティカルシステム，ハザード（hazard），レジリエンス（resilience），レジリエンス・エンジニアリング，安全性重視システム，危害（harm）	L1
4.2.1 S-KA：セーフティの品質の概念	セーフティの品質の概念，SIL（安全度水準），機能安全，固有安全，本質安全	L1

ソフトウェア品質知識体系	学習対象となる用語，概念	知識レベル
4.2.2 S-KA：セーフティの技法	セーフティの技法，MC/DC，STAMP，STPA，アクシデントモデル，アクティブセーフティ，エラープルーフ，エラー推測テスト，セーフティ実現のためのリスク低減技法，セーフティ・クリティカルシステム　，セーフティ・クリティカルシステムのテスト，ハザードに対するシナリオテスト，ハザードの推測，パスの同定，パッシブセーフティ，フェイルオーバー，フェイルセーフ，フェイルソフト，フォールト・アボイダンス，フォールト・トレランス，リスク低減，安全機能に対するテスト，安全性解析，安全度水準，機能不動作，故障モード，仕様の穴，設計および実装障害，非定常入力	L2
4.2.3 S-KA：セーフティ・クリティカル・ライフサイクルモデル	セーフティ・クリティカル・ライフサイクルモデル，ASIL，E/E/PE，HAZOP，ISO/IEC Guide 51，SOUP，グループ安全規格，セーフティゴール，ソフトウェア安全クラス，ソフトウェア安全ライフサイクル，ソフトウェア安全度水準，ハザード分析，リスク，安全関連ソフトウェア，安全機能要求，安全性解析，安全妥当性確認，安全度要求，医療機器ソフトウェア-ソフトウェアライフサイクルプロセス（IEC 62304），危険事象，基本安全規格，機能安全，決定論的原因故障，自動車-機能安全（ISO 26262），製品安全規格，全安全ライフサイクル，電気・電子・プログラマブル電子安全関連系の機能安全（IEC 61508）	L1
4.3 KA：セキュリティ	セキュリティ，セーフティ，攻撃	L1
4.3.1 S-KA：セキュリティの品質の概念	セキュリティの品質の概念，コモンクライテリア，サイバーセキュリティ，脆弱性，セキュアなシステム，プライバシー，リスク，脅威，情報セキュリティ	L1
4.3.2 S-KA：セキュリティの技法	セキュリティの技法，セキュアコーディング，セキュアプログラミング，セキュリティ・バイ・デザイン，セキュリティテスト，セキュリティパターン，セキュリティホール，セキュリティユースケース法，セキュリティ設計，セキュリティ要求分析，DFD，FTA，KAOS，SDL，SQLインジェクション，STAMP，STPA，STPA-Sec，STRIDE，アタックツリー分析，アタックパターン，クロスサイトスクリプティング，コーディング規約，ゴール指向要求技法，デザインパターン，バッファーオーバーフロー，ファジング，フォレンジック，ペネトレーションテスト（侵入テスト），ミスユースケース法，静的解析，脆弱性，脆弱性管理，倫理的ハッキング（エシカルハッキング）	L2
4.4 KA：プライバシー	プライバシー	L1
4.4.1 S-KA：プライバシーの品質の概念	プライバシーの品質の概念，プライバシー，セキュリティ，個人情報保護法	L1
4.4.2 S-KA：プライバシーの技法	プライバシーの技法，プライバシー・バイ・デザイン，プライバシー影響評価（PIA），プライバシー保護技術（PET），k-匿名化，仮名化，差分プライバシー，秘匿	L2

ソフトウェア品質知識体系	学習対象となる用語，概念	知識レベル
5. ソフトウェア品質の応用領域		
5.1 KA：人工知能システムにおける品質	人工知能システムにおける品質，ハイパーパラメータ，モデル，回帰，学習プログラム，機械学習，強化学習，教師あり学習，教師なし学習，訓練データ(学習データ)，深層学習，人工知能，分類	L1
5.1.1 S-KA：人工知能システムにおける品質の概念	人工知能システムにおける品質の概念，A/Bテスティング，AUC(Area Under Curve)，F値(F-Measure)，KPI(Key Performance Indicator)，ROC曲線，コンセプトドリフト(concept drift)，テストデータ，マクロ平均，一般化エラー，仮説検定(hypothesis testing)，過学習(over fitting)，頑健性(robustness)，決定係数，交差検証，公平性，混同行列(confusion matrix)，再現率(recall)，真陽性，偽陽性，真陰性，偽陰性，性能，正解率(accuracy)，説明可能性(explainability)，敵対的サンプル(adversarial example)，適合率(precision)，汎化性能，平均二乗誤差(RMSE)，未学習	L1
5.1.2 S-KA：人工知能システムの品質マネジメント	人工知能システムの品質マネジメント，オンライン学習	L1
5.1.3 S-KA：人工知能システムの品質技術	人工知能システムの品質技術，Nバージョンプログラミング，アクティベーション，オラクル，グローバルな説明生成，サーチベースドテスティング，ニューロンカバレッジ，メタモルフィックテスティング，ローカルな説明生成，頑健性検査，疑似オラクル，説明生成	L1
5.2 KA：IoTシステムにおける品質	IoTシステムにおける品質，CPS(Cyber-Physical System)，IoT(Internet of Things)，エッジ(edge)	L1
5.2.1 S-KA：IoTシステムにおける品質の概念	IoTシステムにおける品質の概念，CoAP(Constrained Application Protocol)，DTLS(Datagram Transport Layer Security)，IoTセキュリティ，IoTプライバシー，Trustworthiness，信用性，フォレンジック，プライバシー・バイ・デザイン，レジリエンス(resilience)，脅威	L1
5.2.2 S-KA：IoTシステムの品質マネジメント	IoTシステムの品質マネジメント	L1
5.2.3 S-KA：IoTシステムの品質技術	IoTシステムの品質技術，IoTセキュリティ技術，IoTプライバシー保護技術	L1
5.3 KA：アジャイル開発とDevOpsにおける品質	アジャイル開発とDevOpsにおける品質，XP(エクストリーム・プログラミング：eXtreme Programming)，アジャイルソフトウェア開発宣言，アジャイル開発，クリスタル(crystal)，スクラム(scrum)	L1
5.3.1 S-KA：アジャイル開発とDevOpsにおける品質の概念	アジャイル開発とDevOpsにおける品質の概念	L1
5.3.2 S-KA：アジャイル開発とDevOpsの品質マネジメント	アジャイル開発とDevOpsの品質マネジメント，ITSS+，伝統的な品質保証(QA)からアジャイル品質(AQ)への転換，QA to AQ，SFIA，アジャイルスキル体系，コミュニケーション管理	L1

ソフトウェア品質知識体系	学習対象となる用語，概念	知識レベル
5.3.3 S-KA：アジャイル開発とDevOpsの品質技術	アジャイル開発とDevOpsの品質技術，CI（継続的インテグレーション），アジャイルテスト（agile testing），カオスエンジニアリング，カナリアテスト（canary testing），シフトライトテスト（shift right testing），シフトレフトテスト（shift left testing），ストーリーポイント，ピザ2枚ルール，プルリクエスト駆動開発，ベロシティ，マイクロサービスアーキテクチャ，モダンコードレビュー，継続的テスト（continuous testing），継続的デリバリー，品質ダッシュボード	L2
5.4 KA：クラウドサービスにおける品質	クラウドサービスにおける品質，IaaS（Infrastructure as a Service），PaaS（Platform as a Service），SaaS（Software as a Service），クラウドコンピューティング（cloud computing），クラウドサービス（cloud service），クラウドサービスカスタマー，クラウドサービスプロバイダー	L1
5.4.1 S-KA：クラウドサービスにおける品質の概念	クラウドサービスにおける品質の概念，SLA，クラウドサービスカスタマー，クラウドサービスプロバイダー，クラウドサービスレベル目標，クラウドサービス合意書，クラウドサービス品質目標，クラウドサービスの機能適合性，クラウドサービスの互換性，クラウドサービスのSLA	L1
5.4.2 S-KA：クラウドサービスの品質マネジメント	クラウドサービスの品質マネジメント，クラウドサービスカスタマー，クラウドサービスプロバイダー	L1
5.4.3 S-KA：クラウドサービスの品質技術	クラウドサービスの品質技術，iSCSI，SDN，クラウドデザインパターン，クラウドネイティブ，コンテナ，ハイパーバイザー，マイクロサービス，マイクロサービスアーキテクチャ，仮想化（virtualization）	L2
5.5 KA：オープンソースソフトウェア利活用における品質	オープンソースソフトウェア利活用における品質，オープンソースソフトウェア（OSS）	L1
5.5.1 S-KA：OSS利活用における品質の概念	OSS利活用における品質の概念	L1
5.5.2 S-KA：OSS利活用の品質マネジメント	OSS利活用の品質マネジメント，マイニングソフトウェアリポジトリ（MSR）	L1
5.5.3 S-KA：OSS利活用の品質技術	OSS利活用の品質技術，OSS健全性評価メトリクス	L1

初級ソフトウェア品質技術者資格試験 出題範囲(シラバスVer. 3.0)の参考文献

[1] SQuBOK策定部会 編:『ソフトウェア品質知識体系ガイド(第3版) −SQuBOK Guide V3−』, オーム社, 2020年.

[2] 保田勝通, 奈良隆正:『ソフトウェア品質保証入門 −高品質を実現する考え方とマネジメントの要点』, 日科技連出版社, 2008年.

初級ソフトウェア品質技術者資格試験(JCSQE)
問題と解説【第3版】

目次

正解と解説………43

装丁・本文デザイン＝さおとめの事務所

問題

• 問題 1　品質の概念

ソフトウェアの品質が欠如している状況もしくは品質の欠如を発生させる状況の記述として，もっとも不適切なものを選べ．

選択肢

ア　ソフトウェアに対する要求事項への適合の欠如がある場合

イ　規定された開発の基準が守られていない場合

ウ　明確な要求事項には適合しているが，暗黙の要求事項を満たしていない場合

エ　ISO 9000 ファミリーや CMMI のいずれも受審していない場合

（正解と解説は p.44）

• 問題 2　品質の概念

「JIS Z 8115：2019 ディペンダビリティ（総合信頼性）用語」で定義されているディペンダビリティの説明として，もっとも適切なものを選べ．

選択肢

ア　対象に本来備わっている特性の集まりが，要求事項を満たす程度

イ　明示された条件下で利用するとき，明示的ニーズまたは暗黙のニーズを満たすためのソフトウェア製品の能力

ウ　アイテムが，要求されたときに，その要求どおりに遂行するための能力

エ　セキュリティ，プライバシー，リライアビリティ，レジリエンス，セーフティなどによって，システムがその関係者の期待に応える能力

（正解と解説は p.45）

• 問題 3　品質マネジメントの概念

日本における品質のマネジメントに対する考え方として，もっとも不適切なものを選べ.

選択肢

ア　活動のキーワードである「現地現物」や「小集団活動」は重要な考え方である.

イ　経営レベルを視野に入れたマネジメントが重要とする考え方である.

ウ　工程管理よりは検査における不良品選別を重視する考え方である.

エ　設計段階から「品質を作り込む」考え方である.

（正解と解説は p.47）

• 問題 4　品質マネジメントの概念

品質のマネジメントに関する記述として，もっとも適切なものを選べ.

選択肢

ア　検査重点主義とは，「品質は設計と工程で作り込む」ことをいう.

イ　品質のマネジメントの考え方は，お客様が安心して使っていただけるような製品を提供するためのすべての活動である.

ウ　要因系に焦点をあてる品質のマネジメントとは，製品やサービスに対する検査を強化することにより，悪いものを外に出さないことを基本とし，そのための評価基準を明確に設定し，基準を達成していないものは提供しないという方法である.

エ「現地現物」，「小集団活動」，「全員参加」，「組織活性化」は，コミットメント主導の品質のマネジメントを特徴づける重要な考え方である.

（正解と解説は p.48）

・問題５　品質マネジメントの概念

次の改善の考え方に関する記述について，（　）内にあてはまる語句として，もっとも適切な組合せを選べ．

改善の考え方で重要なことは，その場の思いつきで取り組むのではなく，まず改善の（①）をはっきりさせることである．そのうえで（②）を立て，改善を実行する．この実行結果を次の計画に結びつけ，螺旋状に改善活動を推進するマネジメント手法を（③）もしくは（③）サイクルという．

選択肢

ア	①目的	②改善計画	③ PDCA
イ	①利益	②リーダー	③ QC 活動
ウ	①実行メンバー	②目標	③ストレート
エ	①必要コスト	②トップの顔	③ IDEAL

（正解と解説は p.50）

• 問題6　ソフトウェアの品質マネジメントの特徴

V&V（Verification & Validation）に関する記述について，もっとも適切なものを選べ．

選択肢

ア　Verification は仕様適合性を確認することであり，正しいものを作れていることを確認することである．

イ　Validation は顧客のニーズの充足性を確認することであり，正しく作れていることを確認することである．

ウ　Validation は開発プロセスの最終工程だけでなく，途中でも実施することが望ましい．

エ　V&V には，V&V に関して改善活動を実施する IV&V（Improvement V&V）がある．

（正解と解説は p.51）

• 問題7　ソフトウェア品質マネジメントシステムの構築と運用

TQC／TQM の考え方として，もっとも不適切なものを選べ．

選択肢

ア　PDCA サイクルを回すことで顧客満足度の向上を図る．

イ　徹底した顧客満足の追究が基本である．

ウ　QC サークル活動など，全員参加で改善を行う．

エ　プロセスを定義してそのとおりに実行しているかを確認する．

（正解と解説は p.53）

• 問題 8　ソフトウェア品質マネジメントシステムの構築と運用

ソフトウェアのセキュリティ評価にコモンクライテリア(CC)およびCCのための共通評価方法(CEM)を適用する一般的な方法の説明について，もっとも適切な組合せを選べ．

⑴　開発するソフトウェアに適用すべき(①)の有無を確認のうえ，保証のレベルと評価対象の範囲を特定する．

⑵　CCを参照し，保護資産，脅威，セキュリティ目標，セキュリティ機能要件，セキュリティ保証要件，および要件の実現方法を定義する(②)を作成する．

⑶　開発，ガイダンス，ライフサイクルサポート，テストおよび脆弱性への対応に係る保証手段が(②)で定義したレベルを満たすことを保証する(③)を作成する．

選択肢

ア　①プロテクションプロファイル　②セキュリティターゲット
　　③エビデンス

イ　①プライバシーポリシー　②セキュリティターゲット
　　③認証書

ウ　①プロテクションプロファイル　②セキュリティ要件一覧
　　③認証書

エ　①プライバシーポリシー　②セキュリティ要件一覧
　　③エビデンス

(正解と解説は p.54)

• 問題 9　ライフサイクルプロセスのマネジメント

ソフトウェアライフサイクルプロセスに関する国際規格 ISO/IEC 12207：2017（以下，本規格と略記）の使用に関する記述として，もっとも適切なものを選べ．

選択肢

ア　本規格の内容を，使用者の目的や，組織，プロジェクト，業務の内容に合わせて部分選択することや，テーラリングすることは禁止されている．

イ　本規格は，ソフトウェアの開発から納入までに必要なプロセスを対象にしている．

ウ　本規格は，プロセスをアセスメントして改善する国際標準 ISO/IEC 33002：2015 におけるプロセス参照モデルとして活用できる．

エ　本規格は，ファームウェアについては適用できない．

（正解と解説は p.56）

• 問題 10　ソフトウェアプロセス評価と改善

CMMI（能力成熟度モデル統合）の記述として，もっとも不適切なものを選べ．

選択肢

ア　CMMI に照らす評定方法として，ベンチマーク評定のみがある．

イ　CMMI Institute に評定結果を報告する正式評定は，CMMI Institute 認定の評定者のみが実施できる．

ウ　システムや成果物の品質は，それを開発し保守するプロセスの品質に影響されるという前提にもとづいている．

エ　成熟度レベルと能力度レベルという 2 種類のプロセスの改善経路がある．

（正解と解説は p.58）

• 問題 11　ソフトウェアプロセス評価と改善

PSP（パーソナル・ソフトウェア・プロセス）とTSP（チーム・ソフトウェア・プロセス）に関する記述として，もっとも不適切なものを選べ．

選択肢

ア　PSPでは，技術者は自らの生産性を計測する．

イ　PSPでは，チームリーダー，開発マネージャーなどの役割別に，実施すべき活動を説いている．

ウ　TSPでは，チームで開発プロジェクトを実施する場合，チームの各メンバーは各自の役割に沿って前提スキルを理解する．

エ　TSPにより，チームでソフトウェアを開発する際の開発工程別の留意点を学ぶことができる．

（正解と解説は p.59）

• 問題 12　検査のマネジメント

検査のマネジメントに関する記述として，もっとも適切なものを選べ．

選択肢

ア　検査計画は検査方針や検査体制などを含むので，開発部門や利害関係者には事前に開示しないことが望ましい．

イ　中間成果物である設計書やユーザーマニュアルなどのドキュメント検査では，合否を判定しないことが望ましい．

ウ　検査部門は，組織的には開発部門とは独立した組織としたうえで，開発部門と協働して品質を向上していくことが望ましい．

エ　製品検査においては，検査部門とは独立した別の開発部門が作成したテスト項目をもとに検査を実施する．

（正解と解説は p.60）

• 問題 13　監査のマネジメント

ソフトウェア品質に関する監査の目的として，もっとも不適切なものを選べ．

選択肢

ア　組織プロセスの改善

イ　品質基準との照合による成果物の検収

ウ　組織内での適切な組織規範の遵守を担保することによる信頼の付与

エ　プロセス遵守状況の経営者によるレビューの実施

（正解と解説は p.61）

• 問題 14　教育および育成のマネジメント

iCD（i コンピテンシディクショナリ）に関する記述として，もっとも不適切なものを選べ．

選択肢

ア　業務（タスク）と，それを支える人材の能力や素養（スキル）を体系化している．

イ　利用する企業が，それぞれのニーズや目的に合わせてカスタマイズして活用できる．

ウ　社員などの組織メンバーが実行能力を診断することで，個人ごとの業務状況を見える化できる．

エ　第 4 次産業革命に向けて求められるデータサイエンスや IoT ソリューションといった新たな領域の学び直しに焦点をあてている．

（正解と解説は p.62）

• 問題 15　法的権利および法的責任のマネジメント

PL 法(製造物責任法)に関する記述として，もっとも適切なものを選べ.

選択肢

ア　すべてのソフトウェア(プログラム)が対象となる.

イ　「過失」ではなく，「欠陥」の存在を立証できれば賠償を求めることができる.

ウ　個人情報を取り扱う事業者が遵守すべき義務を定めている.

エ　アルゴリズムなどのアイデアを発明として保護している.

(正解と解説は p.64)

• 問題 16　意思決定のマネジメント

プロジェクトにおける意思決定のマネジメントに関する記述として，もっとも不適切なものを選べ.

選択肢

ア　プロジェクトの発足と中止に加えて，軌道修正や続行の判断と決定も意思決定として扱われる.

イ　組織として標準的な意思決定のメカニズムを確立しておくことが望ましい.

ウ　IBM の IPD では，複数のフェーズを設け，次フェーズへの着手判断にあたり意思決定チェックポイントを定めている.

エ　IBM の IPD では，意思決定のマネジメントにあたり特定のエキスパートエンジニアに任せることを定めている.

(正解と解説は p.65)

• 問題 17　調達のマネジメント

請負契約による外部委託を実施する場合の留意点として，もっとも適切なものを選べ.

選択肢

ア　マイルストーンごとに品質を確認できるといったプロセス上の施策が必要である.

イ　ソフトウェアを開発し，所期の品質を達成する契約上の責任は委託元にある.

ウ　組織上の独立性を保つために，委託先とのコミュニケーションを疎にする.

エ　オフショア開発において，プログラムは安全保障貿易管理上の「技術」とは見なされない.

（正解と解説は p.66）

• 問題 18　リスクマネジメント

リスクマネジメントにおけるリスク識別および特定の技法として，もっとも不適切なものを選べ.

選択肢

ア　チェックリスト

イ　費用便益分析

ウ　ブレーンストーミング

エ　文書分析

（正解と解説は p.68）

• 問題 19　リスクマネジメント

リスクマネジメントにおけるリスク分析および算定に関係する技法やツールとして，もっとも不適切なものを選べ.

選択肢

ア　感度分析

イ　IDEAL

ウ　リスクの発生確率と影響度からなるマトリクス

エ　モンテカルロ法

（正解と解説は p.69）

• 問題 20　構成管理

ソフトウェア構成管理に関する記述として，もっとも適切なものを選べ.

選択肢

ア　ソフトウェアライフサイクルを通じて実施され，ソースコードの変更履歴のみを管理するプロセスである.

イ　開発プロセスのみにおいて実施されるプロセスである.

ウ　ソフトウェアライフサイクルを通じて実施され，ソフトウェアの構成要素の機能や特性を特定可能にするプロセスである.

エ　開発プロセスのみにおいて構成要素の機能や特性の変更を管理するプロセスである.

（正解と解説は p.70）

• 問題 21　構成管理

バージョン管理（版管理）に関する記述として，もっとも適切なものを選べ.

選択肢

ア　チェックアウトにより，リポジトリに加えられた変更を，すでにある作業用コピーに反映させる．

イ　チェックインにより，指定したファイルを他の人が編集できないようにする．

ウ　ブランチにおいて，トランクとは異なる変更を加える．

エ　バージョン管理ツールとして，クライアント・サーバー型の Git や分散型の CVS などがある．

（正解と解説は p.72）

• 問題 22　プロジェクトマネジメント

プロジェクトマネジメントの知識体系である PMBOK ガイドや P2M において，その内容や利用する際の留意点に関する記述として，もっとも不適切なものを選べ．

選択肢

ア　P2M は，プロジェクトとプログラムのマネジメントにより，組織の能力や資源を効率的に活用して組織戦略を実現することを目的としている．

イ　P2M は，企業価値を創造する「仕組みづくり」への転換を支援することを意図している．

ウ　PMBOK ガイドは，実際のプロジェクトでの管理の遂行において必要となるすべての知識とスキルを取り扱っている．

エ　PMBOK ガイドは，プロジェクトマネジメントの標準用語集とすることで，マネジメントを遂行するうえでの共通の理解を得ることをねらいとしている．

（正解と解説は p.73）

• 問題 23　品質計画のマネジメント

プロジェクトレベルの品質計画に関する記述として，もっとも不適切なものを選べ．

選択肢

ア　品質計画書は，プロジェクト計画書とは別の書類として作成しなければならない．

イ　競争力のある品質目標の設定のためには，ベンチマークを行うことが重要である．

ウ　ISO 9001 は，製品実現の計画にあたり品質目標などを明確化することを定めている．

エ　製品の品質を高めるために，早い段階におけるレビューを計画することが重要である．

（正解と解説は p.75）

• 問題 24　品質計画のマネジメント

品質計画の技法の一種である費用便益分析に関する記述として，もっとも不適切なものを選べ．

選択肢

ア　分析にあたり投資利益率や回収期間法などの経済的指標を用いる．

イ　費用と便益を金銭に換算すると，判定が明確になる．

ウ　便益が費用を上回り，かつ，その差が小さいほど望ましい．

エ　複数のプロジェクトに同じ分析手法を適用すれば，相互の比較が可能となる．

（正解と解説は p.76）

• 問題 25　要求分析のマネジメント

要求分析のマネジメントに関する記述について，(　　)内にあてはまる語句として，もっとも適切な組合せを選べ．

要求分析の計画とは，要求抽出，要求分析，および(①)を確実に実施できるように計画立案することである．要求分析においては，異なるステークホルダーから抽出した要求間の競合を解決し，システムの境界，およびシステムとハードウェアや人などとのインターフェースを定め，システム要求から(②)へと詳細化する．また，要求の間の(③)を明確化しユーザーと合意する．

選択肢

ア	①要求仕様化	②ユースケース	③シナリオ
イ	①要求仕様化	②ソフトウェア要求	③優先順位
ウ	①要求定義	②ソフトウェア要求	③シナリオ
エ	①要求定義	②ユースケース	③優先順位

(正解と解説は p.77)

• 問題 26　設計のマネジメント

プロジェクトの計画時点で設計方針を決めることの利点に関する記述として，もっとも不適切なものを選べ．

選択肢

ア　要求品質を満足する設計を得るために要求の妥当性を確認できる．
イ　設計技法や設計ルールを効果的に決定できる．
ウ　開発プロセスと保守プロセスの両局面において利点がある．
エ　設計要員を効果的に確保できる．

(正解と解説は p.79)

• 問題 27　実装のマネジメント

実装方針の決定の際に考慮すべき次の項目のうち，もっとも<u>不適切なもの</u>を選べ.

選択肢

ア　採用する言語

イ　コーディング規約

ウ　外部標準で定められたインターフェース仕様

エ　分割統治

（正解と解説は p.80）

• 問題 28　レビューのマネジメント

レビューでは，どのタイミングで，どの成果物に対して，どのメンバーで実施するかをあらかじめ計画して実施する．レビューの効果を上げるために計画で考慮することとして，もっとも<u>不適切なもの</u>を選べ.

選択肢

ア　チェックリストを用意して，実施する内容を明確にする.

イ　プログラムの視点（コーディングルールを守っているか，保守しやすいか，など）を盛り込んだシナリオを考える.

ウ　対象成果物（ドキュメントやソースコード）や，レビュー方法（公式な方法から小規模で非公式なアドホックな方法）を定める.

エ　レビューの実施時期は，対象成果物ができた時点で定める.

（正解と解説は p.81）

• 問題 29　テストのマネジメント

プロジェクトにおいてテスト活動に関与する組織に関する記述として，もっとも不適切なものを選べ.

選択肢

ア　出荷権限を与えることで，厳密な品質保証活動が可能となる.
イ　設計を行う組織とは別の組織として存在する.
ウ　独立性を高めることで，開発スピードを損ねることがある.
エ　各テストレベルにおけるアクティビティを考慮したメンバーで構成されることが望ましい.

（正解と解説は p.83）

• 問題 30　テストのマネジメント

テスト進捗マネジメントにおいて，テスト実施段階で日々収集する主な情報として，もっとも不適切なものを選べ.

選択肢

ア　障害件数
イ　テストスケジュール
ウ　要求，仕様やコードに対する確認の網羅性
エ　実行したテストケースの数

（正解と解説は p.83）

• 問題 31　品質分析および評価のマネジメント

次の文章は，ソフトウェア製品の品質を分析および評価し，フィードバックするための手順を述べている．（　）内にあてはまる語句としてもっとも適切な組合せを選べ．

(1) 品質評価計画の策定：評価対象，（①），誰が評価するか，などを計画する．
(2) （②），（③），手法の定義：品質に関するニーズを品質特性，副特性，（③）を使って定義する．定義したそれぞれの（③）に対して達成すべき値または範囲を（②）値として決める．
(3) 分析および評価データの取得：実際の開発や調達などの局面でデータを取得する．
(4) 品質の分析および評価：(3)で得たデータにもとづいて（③）の測定値を求め，(2)の品質要求定義で定めた（②）と比較して品質を分析し評価する．
(5) 総合評価，改善：評価結果を総合し，ソフトウェア製品として全体的に品質を評価し，今後の改善に活かす．

選択肢

ア　①メトリクス　②品質目標　③品質モデル
イ　①メトリクス　②品質要求　③品質モデル
ウ　①評価スケジュール　②品質目標　③メトリクス
エ　①評価スケジュール　②メトリクス　③品質要求

（正解と解説は p.85）

• 問題 32　リリース可否判定

製品出荷判定に関する記述として，もっとも不適切なものを選べ．

選択肢

ア　出荷判定基準は，予定した検査がすべて終了し，全検査項目の判定が合格であることである．

イ　出荷判定責任者は，製品のプロジェクト責任者が務めるのが一般的である．

ウ　出荷判定で不合格になった場合でも，製品の出荷を認めることがある．

エ　製品出荷判定ではなく，本稼働移行判定が行われることがある．

（正解と解説は p.86）

• 問題33　運用および保守のマネジメント

次のSLM（Service Level Management）に関する記述について，（　）内にあてはまる語句として，もっとも適切な組合せを選べ．

SLMとは，ITサービス提供者が，サービス（①）と事前にサービスの内容および品質水準について明示的に契約したSLA（Service Level Agreement）を達成するための継続的な（②）をめざすマネジメント活動である．サービス品質のカテゴリごとにメトリクスと基準値を設定して，サービス（③）後に実績値の測定および評価にもとづくマネジメント活動を進める．

選択肢

ア　①実施者　②コスト改善　③契約期間終了

イ　①利用者　②コスト改善　③提供開始

ウ　①実施者　②品質改善　③契約期間終了

エ　①利用者　②品質改善　③提供開始

（正解と解説は p.87）

・問題 34　運用および保守のマネジメント

次の SLA (Service Level Agreement) に関する説明文中の (　　) 内にあてはまる語句として，もっとも適切な組合せを選べ.

サービスは物理的な実体のあるハードウェア製品や，(①) のあるソフトウェアに比べて，提供する内容や品質水準があいまいになりやすく，提供者と (②) の間で行き違いが生じやすい. そこで SLA により事前に，サービス内容を厳格に定義し，サービス品質水準をメトリクスと基準値によって (③) に定義することで，あいまいさを排除しておくことが重要である.

選択肢

ア	①運用実績	②利用者	③黙示的，また定性的
イ	①要件定義書と外部設計書	②利用者	③明示的，また定量的
ウ	①運用実績	②実施者	③明示的，また定量的
エ	①要件定義書と外部設計書	②実施者	③黙示的，また定性的

(正解と解説は p.88)

• 問題 35　運用および保守のマネジメント

ソフトウェアライフサイクルプロセスにおける保守に関して，国際規格 ISO/IEC 14764：2006 は 4 種類の保守作業を定義している．この中の適応保守（adaptive maintenance）に関する記述として，もっとも適切なものを選べ．

選択肢

ア　引渡し後に変化した環境においてもソフトウェア製品を変化前と同様に使用できるように保ち続けるために行うソフトウェア製品の修正

イ　引渡し後に発見される問題を是正するために受動的に行う修正

ウ　引渡し後のソフトウェア製品の潜在的な障害が顕在化する前に発見し，是正を行うための修正

エ　引渡し後のソフトウェア製品の潜在的な障害が，故障として現れる前に検出し訂正するための修正

（正解と解説は p.90）

• 問題 36　メトリクス

障害を重大度に応じて大まかに A（軽微なもの）〜D（致命的なもの）に分類しているとき，この重大度レベルの尺度として，もっとも適切なものを選べ．

選択肢

ア　間隔尺度

イ　順序尺度

ウ　名義尺度

エ　比率尺度

（正解と解説は p.91）

• 問題 37　メトリクス

ファンクションポイント法に関する記述として，もっとも不適切なものを選べ.

選択肢

ア　主にソフトウェア内部のモジュール構造に着目して規模を定量化する.

イ　測定結果は測定者によって異なることがある.

ウ　異なるプラットフォームや言語で開発されたシステム間の生産性の比較に応用できる.

エ　IFPUG 法をはじめとして，さまざまな測定方法がある.

（正解と解説は p.92）

• 問題 38　メトリクス

次のメトリクスのうち，プロセスメトリクスとしてもっとも不適切なものを選べ.

選択肢

ア　要求定義に要した時間

イ　設計に要した工数

ウ　投入時間当たりの開発規模

エ　テスト中に発見された障害数

（正解と解説は p.93）

• 問題 39　モデル化の技法

次の UML（統一モデリング言語：Unified Modeling Language）の表記法に関する記述について（　　）内にあてはまる語句として，もっとも適切な組合せを選べ.

・(①)は，インスタンスの構造を表す図のことである.
・(②)は，システムが提供するサービス群とその利用者の関係を表す図のことである.
・(③)は，システム実行時のソフトウェア構造を表す図のことである.

選択肢

ア　①オブジェクト図　②ユースケース図　③コンポジット構造図
イ　①クラス図　②ユースケース図　③アクティビティ図
ウ　①オブジェクト図　②コミュニケーション図　③アクティビティ図
エ　①クラス図　②コミュニケーション図　③コンポジット構造図

(正解と解説は p.94)

• 問題 40　モデル化の技法

問題解決の対象を抽象化して表現するモデル化技法は，モデル化の方法の違いによって離散系のモデル化技法と連続系のモデル化技法に大きく分けられる.このうち連続系のモデル化技法を特徴づける記述として，もっとも適切なものを選べ.

選択肢

ア　開発の早期段階で対象の振る舞いをシミュレーションできる.
イ　開発のコスト面のリスクを低減できる.
ウ　開発の安全面のリスクを低減できる.
エ　ドメイン特化言語である Simulink が利用できる.

(正解と解説は p.96)

• 問題 41　形式手法

形式手法における形式仕様記述の技法について述べた次の文章のうち，もっとも不適切なものを選べ.

選択肢

ア　要求仕様や設計を厳密に記述し，系統的な方法で品質確保をめざす技法である.

イ　記述言語として VDM，B メソッド，Alloy がある.

ウ　網羅的にさまざまな場合を探索するモデル検査を行う技法である.

エ　仕様を直感的に理解させたい場合は別の記述方法が必要になる.

（正解と解説は p.97）

• 問題 42　要求分析の技法

要求分析の技法に関する下の文章の(　　)の中にあてはまる語句のうち，もっとも適切な組合せを選べ.

要求は，開発するシステムに対する要求である(①)要求と，開発に対する制約条件である(②)要求に大別される．前者はさらに(③)要求と，パフォーマンスや信頼性，セキュリティなどのユースケースとして表現することが難しい(④)要求の 2 つに分類される.

選択肢

ア　①品質　②コスト　③基本　④応用

イ　①製品　②プロセス　③機能　④非機能

ウ　①製品　②コスト　③機能　④非機能

エ　①品質　②プロセス　③非機能　④機能

（正解と解説は p.98）

• 問題 43　要求分析の技法

要求の妥当性確認と評価に関する記述として，もっとも不適切なものを選べ.

選択肢

ア　ステークホルダーのニーズや上位の要求に照らし合わせてソフトウェア要求が妥当であることを確認する.

イ　ソフトウェア要求仕様が，さまざまなステークホルダーのニーズを満足できるように，ソフトウェアの機能と特性を正確に説明していることを要求やモデルのレビューで確認する.

ウ　プロトタイピングでは，開発側における要求の解釈結果を記述したソフトウェア要求仕様書をステークホルダーに提示し，解釈のずれの発見や新たな要求の獲得につなげる.

エ　受け入れテストの設計を通じてソフトウェア要求が妥当であることを確認する.

（正解と解説は p.99）

• 問題 44　設計の技法

次の方式設計の技法のうち部品化の技法として，もっとも不適切なものを選べ.

選択肢

ア　オブジェクト指向設計

イ　コンポーネントベース設計

ウ　契約による設計

エ　サービス指向設計

（正解と解説は p.100）

• 問題 45　設計の技法

デザインパターンに関する記述として，もっとも不適切なものを選べ．

選択肢

ア　ソフトウェア設計の特定の文脈上で起こる問題とそれを解決するための解法などがまとめられている．

イ　経験値の高くない設計者であっても保守性や再利用性の高い設計ができる．

ウ　代表的なものに「抽象化」，「相互結合と凝集度」，「カプセル化／情報隠蔽」がある．

エ　実装上の冗長性を生じる可能性がある．

（正解と解説は p.102）

• 問題 46　実装の技法

実装の技法におけるコーディング規約について述べた次の文章のうち，もっとも不適切なものを選べ．

選択肢

ア　命名規則，フォーマット，コメント，処理記述方法の規約の総称である．

イ　開発者によって記述方法がばらつくなどの属人性を低減できる．

ウ　経験者のノウハウを規約に含めることにより，品質向上が期待できる．

エ　ルーチンの呼び出し側と提供側の責務を明確化してソフトウェアの複雑性を下げる．

（正解と解説は p.103）

• 問題 47　レビューの技法

次のレビュー方法の特徴に関する記述について，(　　)内にあてはまる語句として，もっとも適切な組合せを選べ.

(①)：参加者の役割が明確になっており，チェックリストなど形式的な文書にもとづいて実施することや正式な記録を残すことを強調している.
テクニカルレビュー：技術の専門家が参加するレビューで，仕様書やソースコードなどの成果物の問題摘出を主な目的としている.
(②)：成果物の作成者がプログラムの処理や業務シナリオなどを説明し，参加者が成果物や説明内容に対して質問やコメントを述べる.
(③)：参加者全員が順に司会者とレビューアの役を持ち回りで務め，全員が両方の視点でレビューする.

選択肢

ア　①ピアデスクチェック　②チームレビュー　③パスアラウンド
イ　①インスペクション　②チームレビュー　③ラウンドロビンレビュー
ウ　①ピアデスクチェック　②ウォークスルー　③パスアラウンド
エ　①インスペクション　②ウォークスルー　③ラウンドロビンレビュー

(正解と解説は p.104)

• 問題 48　レビューの技法

次のソフトウェアFMEAに関する記述について，(　　)内にあてはまる語句として，もっとも適切な組合せを選べ.

ソフトウェアFMEAは，システム中のアイテムの(①)に着目した(②)の信頼性解析のための技法であるFMEAをソフトウェアの障害に着目してソフトウェアの信頼性解析に適用した技法である．FMEAに，故障発生の確率および故障による影響の重大さを付加した技法は(③)という.

選択肢

ア　①故障モード　②ファームウェア　③FMECA
イ　①重大障害　②ハードウェア　③FTA
ウ　①故障モード　②ハードウェア　③FMECA
エ　①重大障害　②ファームウェア　③FTA

(正解と解説は p.105)

• 問題 49　レビューの技法

リーディング技法に関する記述として，もっとも不適切なものを選べ．

選択肢

ア　シナリオベースドリーディング（Scenario-Based Reading）は，利用シナリオや品質シナリオなどにもとづいて読む方法である．

イ　ディフェクトベースドリーディング（Defect-Based Reading）は，障害修正箇所に着目して読む方法である．

ウ　パースペクティブベースドリーディング（Perspective-Based Reading）は，レビューアに特定の視点を割りあてて読む方法である．

エ　ユーセージベースドリーディング（Usage-Based Reading）は，利用者の利用手順と照らし合わせながら読む方法である．

（正解と解説は p.107）

• 問題 50　テストの技法

ある小型貨物料金処理用ソフトウェアについての仕様中に「10.00kg 未満の重さを扱う．1.00kg 以下は 200 円，1.01kg から 2.50kg 以下は 400 円，2.51kg から 5.00kg 以下は 500 円，5.01kg から 10.00kg 未満は 1,000 円（小数点以下第 3 位は四捨五入とする）」と規定されているとする．重さに着目した同値分割によってあげられるテストデータとして，もっとも適切なものを選べ．

選択肢

ア　1，2，3，8，15

イ　0.5，2.11，7.0，9.99

ウ　－5.49，0.53，1.84，4.99，7.71，256.88

エ　－84.35，0.8，2.14，3.52，10.00，15.14

（正解と解説は p.108）

• 問題 51　テストの技法

状態遷移テストに関する記述として，もっとも不適切なものを選べ.

選択肢

ア　機能に関するソフトウェアの状態におけるテスト漏れを防止できる.

イ　網羅基準として状態遷移図の分岐に着目した分岐網羅が用いられる.

ウ　状態以外の事象を判断する場合はデシジョンテーブルなど，他のテスト技法と組み合せる必要がある.

エ　もともとは仕様設計における設計検証技法である.

（正解と解説は p.109）

• 問題 52　テストの技法

テストの技法における利用にもとづいた技法に関する下の文章の（　　）内にあてはまる語句のうち，もっとも適切な組合せを選べ.

（①）によるテストは，ソフトウェアが実際に運用される際にどのように利用されるかを確率分布により表現した利用パターンをもとに運用時と同じ条件下でテスト対象を動作させ，ソフトウェアの（②）を評価する技法である.（③）テストは，ソフトウェアが利用される国の言語や文化に対応しているかを確認する技法である.

選択肢

ア　①運用プロファイル　②使用性　③ローカライゼーション

イ　①利用プロファイル　②信頼性　③グローバリゼーション

ウ　①運用プロファイル　②信頼性　③ローカライゼーション

エ　①利用プロファイル　②使用性　③グローバリゼーション

（正解と解説は p.111）

• 問題 53　品質分析および評価の技法

テスト工程で検出した障害をもとに信頼性の評価を行うため，ソフトウェア信頼度成長モデルを適用した．このモデルの適用方法として，もっとも不適切なものを選べ．

選択肢

ア　信頼度成長モデルの横軸にはテスト項目消化件数を使った．

イ　信頼度成長モデルとして，候補モデルのうち，もっとも適合性の高いものを採用した．

ウ　テスト進捗率が 20% の段階で，モデルの推定と実績が大きく乖離したので，テスト方法を見直すことにした．

エ　障害件数が信頼度成長モデルで推定された値に達したので，未消化のテスト項目は実行せず直ちにテスト完了とした．

（正解と解説は p.112）

• 問題 54　品質分析および評価の技法

問題が多発していて，どこから手をつけてよいかわからない．このような場合に，重要度の高い問題を発見するために使用するツールはどれか．もっとも適切なものを選べ．

選択肢

ア　特性要因図

イ　ヒストグラム

ウ　散布図

エ　パレート図

（正解と解説は p.113）

• 問題 55　品質分析および評価の技法

次の障害分析に関する技法の記述について，（　　）内にあてはまる語句として，もっとも適切な組合せを選べ．

障害分析の技法には，検出された多数の障害をその属性で分類して統計的に解析する技法と，特定の障害を抽出してその混入原因を深く分析する技法がある．前者の例に（①），後者の例に（②）がある．障害分析の目的には，分析結果にもとづいて，レビューやテストを追加して同じ製品や類似の製品に潜在する同種の障害を検出する水平展開の目的と，プロセスや技術などを改善して同種の障害の再発を防止する（③）の目的がある．

選択肢

ア　① SRGM　②なぜなぜ分析　③保守
イ　① ODC　② Fault-Prone 分析　③保守
ウ　① SRGM　② Fault-Prone 分析　③予防
エ　① ODC　②なぜなぜ分析　③予防

（正解と解説は p.115）

• 問題 56　品質分析および評価の技法

新 QC 七つ道具に含まれるものを選べ．

選択肢

ア　散布図
イ　パレート図
ウ　ヒストグラム
エ　アロー・ダイアグラム法

（正解と解説は p.116）

• 問題 57　運用および保守の技法

ソフトウェア若化（じゃっか）(software rejuvenation) に関する記述として，もっとも不適切なものを選べ.

選択肢

ア　稼働中のシステムが性能低下したり，異常停止やハングアップしたりする障害を未然防止するための保全技術である.

イ　ソフトウェアシステムを予防的に一旦停止し再開することでシステムの内部状態を浄化する手法が一般的に用いられる.

ウ　システム稼働中の経年劣化の原因として，メモリーリーク，ロックの解放漏れなどがある.

エ　フォールトトレラント手法が障害発生を未然防止する技術であるのに対して，ソフトウェア若化は障害発生後の技術である.

（正解と解説は p.117）

• 問題 58　運用および保守の技法

プログラム理解に関する記述として，もっとも不適切なものを選べ.

選択肢

ア　ソフトウェアの保守の場面で，既存のプログラムに対する理解を効率的に，かつ確実に実施する技法である.

イ　プログラマは設計を変更する際に，プログラムの読解に長い時間を費やす．こうした場面でツールなどを利用するなどしてプログラマの理解を支援するので，保守性の向上にきわめて有効な手段となる.

ウ　設計変更に対する保守の作業効率が向上するようなソフトウェア構造を当初から作り込んで設計および開発するための技法の総称であり，近年注目を集めている.

エ　プログラム理解を支援する手段の 1 つに，UML の各図を用いてプログラムの構造(クラス，オブジェクトなど)や振舞い(ユースケース，アクティビティなど)を視覚的に表現する方法がある.

(正解と解説は p.119)

• 問題 59　ユーザビリティ

ユーザビリティの技法に関する記述として，もっとも適切なものを選べ.

選択肢

ア　ユースケーステストとは，製品やサービスを実際にユーザーに使ってもらい，その際の行動や発話から，ユーザビリティの問題点を発見する技法である．

イ　ユーザビリティテストのシナリオの準備ができたら，シナリオに沿ったウォークスルーとパイロットテストによりテスト実施に問題がないことを確認する．

ウ　インスペクション法では，製品の設計者や使用性評価の専門家が発見できなかった問題点を見つけ出せる可能性が高い．

エ　認知的ウォークスルーとは，製品やサービスを利用するに至る理由や利用後の影響，行動変化などを分析し，ユーザー要求定義に必要な要件を探りだしていく技法である．

（正解と解説は p.120）

• 問題 60　ユーザビリティ

ユーザビリティを評価する方法であるインスペクション法に属する方法の説明として，もっとも不適切なものを選べ．

選択肢

ア　ユーザビリティに関する知見を集めたガイドライン（チェックリスト）にもとづいて評価するヒューリスティック法

イ　ユーザビリティ専門家が経験による直感的洞察にもとづいて問題を発見するエキスパートレビュー

ウ　人間の認知特性を熟知した評価者数人がユーザーの認知プロセスに沿って評価する認知的ウォークスルー

エ　テスト参加者（ユーザー役のテスト協力者）に実際にタスクに取り組んでもらい，話しながら操作してもらう思考発話法

（正解と解説は p.122）

• 問題 61　セーフティ

セーフティに関するリスク低減の設計技法のなかで高信頼性部品を使用することにより安全性を確保する技法として，もっとも適切なものを選べ.

選択肢

ア　フェイルセーフ

イ　エラープルーフ

ウ　フォールト・アボイダンス

エ　フォールト・トレランス

（正解と解説は p.123）

• 問題 62　セーフティ

セーフティ・クリティカル・ライフサイクルモデルに関する記述として，もっとも不適切なものを選べ.

選択肢

ア　安全性解析では，ハザードを分類および特定し，実装や実機による安全性の確認を行う.

イ　開発では，安全機能要求や安全度要求に従い，ソフトウェアの設計や実装を行う.

ウ　安全妥当性確認では，想定したハザードが発生しても危険事象に至らないことを検証する.

エ　事故や不具合を教訓に，安全性解析や開発，安全妥当性確認などにおける問題点を分析して改善する.

（正解と解説は p.125）

• 問題 63　セーフティ

次の文章は，安全性に関するリスクの許容範囲を示す安全度水準（SIL：Safety Integrity Level）に関する記述である．（　　）内にあてはまる語句として，もっとも適切な組合せを選べ．

リスクの許容範囲は，システムが利用される目的や状況，システムの構造などから評価することができ，SIL が（ ① ）ほど，ハザードの発生頻度は低く，危害は小さくなっている必要がある．評価したリスクが設定した SIL における許容範囲を（ ② ）場合，危害の発生頻度を低減させる（ ③ ）の方策を採るか，危害の大きさを小さくする（ ④ ）の方策を採る必要がある．

選択肢

ア　①高い　②超える　③本質安全　④機能安全
イ　①高い　②下回る　③本質安全　④機能安全
ウ　①低い　②下回る　③機能安全　④本質安全
エ　①低い　②超える　③機能安全　④本質安全

（正解と解説は p.126）

• 問題 64　セキュリティ

セキュリティの技法におけるセキュリティ要求分析に関する記述のうち，もっとも不適切なものを選べ.

選択肢

ア　攻撃や脅威が顕在化する状況の分析の技法には，木構造のゴールツリーを使って分析するアタックツリー分析がある.

イ　FTA を応用して，脅威と対策を関連付けながら，脅威分析と対策決定をサポートする分析技法に，R-map や UML がある.

ウ　考慮すべき驚異を洗い出すための技法には，ユースケースを拡張したミスユースケース法やセキュリティユースケース法がある.

エ　考慮すべき妥当な脅威を分析するために，ゴール指向要求技法をセキュリティに応用した技法が提案されている.

（正解と解説は p.128）

• 問題 65　セキュリティ

守るべき資産を内在したシステムに対する情報の安全性に関する説明として，もっとも適切な組合せを選べ.

主にシステム提供者側の情報を守ることに主眼を置いているのが（ ① ）であるのに対して，システム利用側の権利を守ることに主眼を置いているのが（ ② ）である.（ ② ）は，個人に関する情報を各自が制御できる権利であり，それを守るために（ ③ ）などの（ ① ）の機能を用いる.

選択肢

ア　①機密性　②プライバシー　③アクセス制御やデータ保護
イ　①セキュリティ　②プライバシー　③暗号化や認証
ウ　①機密性　②個人情報　③暗号化や認証
エ　①セキュリティ　②個人情報　③アクセス制御やデータ保護

（正解と解説はp.129）

• 問題66　プライバシー

個人情報保護法に関する説明として，もっとも適切な組合せを選べ．

個人情報保護法では，個人情報は，「氏名，生年月日その他の記述等」によって「特定の個人を（①）することができるもの」であり，「他の情報と容易に（②）することができ，それにより特定の個人を（①）することができることとなるものを含む」とされている．また，（③）は，ある程度の時間分を蓄積すると個人を（①）できる可能性が出てくるため，個人情報に該当する場合がある．

選択肢

ア　①判別　②併合　③履歴情報
イ　①識別　②併合　③匿名加工情報
ウ　①判別　②照合　③匿名加工情報
エ　①識別　②照合　③履歴情報

（正解と解説はp.130）

• 問題67　プライバシー

プライバシー保護技術に関連する説明として，もっとも適切なものを選べ．

選択肢

ア　仮想化とは，単体で個人を識別できるような識別情報を，仮の識別情報に加工する処理である．

イ　匿名化とは，単体で個人を識別できるような識別情報を，個人識別ができない程度まで加工する処理である．

ウ　統計プライバシーは，プライバシー保護分析のアウトプットとなる統計データなどからのプライバシー侵害を防ぐ技術である．

エ　隠ぺい計算は，プライバシー保護分析処理中にデータが漏えいすることを防いで，プライバシーを保護する技術である．

（正解と解説は p.132）

• 問題 68　人工知能システムにおける品質

人工知能システムにおけるモデルの性能指標以外の品質技術に関する説明として，もっとも不適切なものを選べ．

選択肢

ア　疑似オラクルとは，テストの入力とその期待値を直接定義することが困難な状況において，実行結果からテストの成否を判断する代替のオラクルのことである．

イ　メタモルフィックテスティングとは，「入力に対してある一定の変化を与えると，出力の変化が理論上予想できる」という関係を用いることにより，正否判断が可能なテストを得るテスト手法である．

ウ　維持性検査とは，入力の変化に対してモデルが安定して性能を達成するかどうかを評価するために行う検査である．

エ　ニューロンカバレッジは，ニューラルネットワークにより実装されたモデルにおいて，テストケース群によりどれだけ多様な内部挙動が実行されたかを表す指標である．

（正解と解説は p.134）

• 問題69　IoTシステムにおける品質

IoTシステムのセキュリティ対策のプラクティスとして，もっとも不適切なものを選べ.

選択肢

ア　物理的なカバーやポートロックなどにより，ハードウェアを耐タンパーにする.

イ　デバイスを更新可能として，ファームウェアの更新やパッチを提供する.

ウ　ネットワークを小さなローカルネットワークに分割する.

エ　あらゆるクライアントがデバイスを検出できる仕組みを整える.

（正解と解説はp.135）

• 問題70　アジャイル開発とDevOpsにおける品質

アジャイルメトリクスに関する記述として，もっとも適切なものを選べ.

選択肢

ア　開発の途中よりも最後に，成果物を定量的に評価するために適用する.

イ　要件実現に必要な作業量について，絶対値よりも相対値がよく用いられる.

ウ　従来からのウォーターフォールモデル開発では採用しないメトリクスを用いる.

エ　アジャイル開発プロジェクトの実態は個々に異なるため，共通ではなく異なる測定方法を採用する.

（正解と解説はp.137）

• 問題 71　クラウドサービスにおける品質

クラウドサービスの機能適合性および互換性について，サービスのカスタマーやプロバイダーにおける留意点として，もっとも不適切なものを選べ.

選択肢

ア　サービスカスタマーでは，自動テストなどを用いた定期的な確認により互換性の問題を生じている場合に早期に把握する.

イ　サービスカスタマーでは，サービスが停止する可能性もあるため必要に応じ代替手段を講じておく.

ウ　サービスプロバイダーでは，サービスレベルアグリーメント（SLA）の内容によらず，サービスの仕様変更時に機能の互換性を維持する.

エ　サービスプロバイダーでは，インターフェースのドキュメントを実装から自動的に生成することにより，工数やミスを減らす.

（正解と解説は p.139）

• 問題 72　オープンソースソフトウェア利活用における品質

オープンソースソフトウェア（OSS）について述べた次の文章のうち，もっとも不適切なものを選べ.

選択肢

ア　OSS のソースコードにはライセンスという概念はない.

イ　OSS のソースコードのダウンロードは GitHub が利用できる.

ウ　OSS はソースコードのみではなく障害情報も公開されている.

エ　OSS プロジェクトの健全性や持続可能性を評価するメトリクスがある.

（正解と解説は p.140）

正解と解説

問題1　品質の概念　正解と解説

正解

エ

出題分野

SQuBOK 樹形図の「1. ソフトウェア品質の基本概念」の「1.1　品質の概念」からの出題である．この問題は，ソフトウェアの品質の基本的な考え方，および，プロセスの評定や改善に関する具体的な規格やモデルフレームワークを確認する問題である．

正解の説明

選択肢ア，イ，ウは，品質が欠如している状況もしくは欠如を発生させる状況の説明として適切である．

選択肢エに関しては，ISO 9000 ファミリー規格の1つである ISO 9001：2015 は品質マネジメントシステムへの要求事項を規格化したものであり，その審査登録を通じて対象とする品質マネジメントシステムが基準規格に適合することを証明できる．しかし，審査を受けていないからといって品質マネジメントシステムに問題があり開発や管理されるソフトウェアの品質が欠如している(あるいは欠如を発生させる)とは限らない．

同様に，CMMI は，顧客や最終利用者のニーズを満たすための高品質な製品とサービスを開発する活動に対して，包括的で統合された一連の指針を提供するモデルであり，その評定によりプロセスの成熟度や能力度のレベルを明らかにできるが，評定を受けていないからといって開発や保守のプロセスに問題がありソフトウェアの品質が欠如している(あるいは欠如を発生させる)とは限らない．

したがって，選択肢エの記述は不適切である．

解説

ソフトウェアの品質は，時代の変遷とともにさまざまに定義されているが，概ね，ソフトウェアが明示的および暗黙的な要求事項に適合する程度と定義されている．例えば，ISO/IEC 25000：2014 では，「明示された条件下で使用するとき，明示的ニーズまたは暗黙のニーズを満たすためのソフトウェア製品の能力」と定義されている．そのような要求事項やニーズへの適合の欠如は，すなわち品質の欠如を意味する．しかし，品質の定義として統一したものはない．品質の本質の理解のためには，顧客の要求把握，要求の実現，結果として得られる顧客満足という３つの要素から考えるとよい．

また，ソフトウェアの開発方法と開発されるソフトウェアの品質の関係をみると，開発する方法の手引きとなる開発の基準を守ることが重要であり，守られない場合は品質の欠如が発生することが指摘されている．例えば，Roger S. Pressman は，この点を組み入れて，ソフトウェアの品質を「機能および性能に関する明示的な要求事項，明確に文書化された開発標準，および職業的に開発が行われたすべてのソフトウェアに期待される暗黙の特性に対する適合」と定義している．

さらに，ICT の進展に伴って，IoT（Internet of Things）や AI（人工知能：Artificial Intelligence）の適用が拡大するにつれ，品質に対する要求は，ますます多様な広がりと深さを増してきた．例えば，IoT システムでは，セキュリティ，セーフティ，信頼性などに加えて，プライバシーやレジリエンス（resilience）などが重要な特性となる．

問題２　品質の概念　正解と解説

正解

ウ

出題分野

SQuBOK 樹形図の「1．ソフトウェア品質の基本概念」の「1.1　品質の概念」からの出題である．この問題は，品質を理解するうえで必要とされる用語を確認する問題である．

正解の説明

選択肢アは，ISO 9000：2015 における品質の定義である．したがって，選択肢アの記述は誤りである.

選択肢イは，ISO/IEC 25000：2014 におけるソフトウェア品質の定義である．したがって，選択肢イの記述は誤りである.

選択肢ウは，JIS Z 8115：2019 におけるディペンダビリティの定義である．したがって，選択肢ウは適切である.

選択肢エは，ISO/IEC 30147 における Trustworthiness（トラストワージネス）の定義である．したがって，選択肢エの記述は誤りである.

解説

JIS Z 8115：2019 では，ディペンダビリティを「アイテムが，要求されたときに，その要求どおりに遂行するための能力」であると定義している．また，「アベイラビリティ，信頼性，回復性，保全性，および保全支援性能を含む．適用によっては，耐久性，安全性およびセキュリティのような他の特性を含むことがある．アイテムは，個別の部品，構成品，デバイス，機能ユニット，機器，サブシステム，またはシステムである.」と補足説明されている.

ディペンダビリティは，広い意味の品質にかかわる概念と捉えることができる．特に，時間軸上の品質問題を意識しており，時間の経過に伴う使用状況の変化や，利用に伴うシステムの経年劣化や摩耗部品の交換修理といった概念と関係する．このため，保全性はディペンダビリティの重要な構成要素となっている.

また，品質の代表的な定義は，「対象に本来備わっている特性の集まりが，要求事項を満たす程度」であり，ソフトウェア品質の代表的な定義は，「明示された状況下で使用するとき，明示的ニーズまたは暗黙のニーズを満たすためのソフトウェア製品の能力」である．これまで，品質あるいはソフトウェア品質については，研究者や，ISO，JIS，IEEE などの規格によってさまざまに定義されてきたが，統一した定義はない.

さらに，ICT の進展に伴って，IoT や AI の適用が拡大するにつれて，品質に対する要求は，ますます多様な広がりと深さを増している．例えば，IoT システムは，セキュリティ，セーフティ，信頼性などに加えて，プライバシーやレジリエンスなどが重要な特性となる．AI システムでは，AI の予測精度だけでなく，AI システムの利用目的に応じて，公平性，説明可能性，プライバシー，信頼性，セキュリティ，セーフティなどさまざまな特性が求められる．こうした幅広い要求を説明する用語として，Trustworthiness（トラストワージネス）が使われるようになった．

問題3　品質マネジメントの概念　正解と解説

正解

ウ

出題分野

SQuBOK 樹形図の「1．ソフトウェア品質の基本概念」の「1.2　品質マネジメントの概念」からの出題である．この問題は，日本における品質マネジメントの基本的な考え方を確認する問題である．

正解の説明

選択肢ア，イ，エは，日本における品質のマネジメントの基本的な考え方である．したがって，この選択肢の記述は正しい．

選択肢ウは，日本における品質のマネジメントの基本的な考え方が独自に発展する以前に，米国から指導を受けた考え方である．したがって，選択肢ウの記述は不適切である．

解説

品質のマネジメントとは，品質に関する組織を指揮し，管理するための調整された活動である．品質マネジメントの主眼は，顧客の要求事項を満たすことおよび顧客の期待を超える努力をすることにある．組織が高い顧客価値を創造し続け，競争優位を確保し，持続的成功を実現するためには，品質のマネジメントが必須である．

日本の近代的な品質マネジメントは，第2次世界大戦後，米国からの指導を得て始まった．1950 年に Deming，1954 年に Juran がそれぞれ来日し，その講演を通じて品質管理の教育と普及が行われた．その後，日本における品質のマネジメントは，日本の工業の発展に大きく貢献しつつ，TQC（総合的品質管理：Total Quality Control）からTQM（総合的品質マネジメント：Total Quality Management）へと，生産工程に注目したマネジメントから経営レベルを視野に入れたマネジメントへ大きく発展を遂げた．また，適用する業種も製造業から，建設，電力，サービス，ソフトウェアなどの非製造業へと広がった．

品質管理の活動を表すキーワードである現地現物，小集団活動，全員参加，組織活性化などは，日本の品質のマネジメントを特徴づける重要な考え方である．

初期の米国からの指導内容は，製品を検査することによって基準を達成した製品を選別して，市場へ不良品が流出しないようにする考え方であった．しかし，不良品を選別していては効率が悪いので，生産の過程から基準を達成する製品を作ろうとする考え方が生まれた．これを端的に表す表現が，「品質は工程で作り込む」である．

この考え方がさらに発展して，品質は設計と工程で作り込むという考え方になった．すなわち，設計段階からよいものを作ることをめざす考え方である．

日本の品質のマネジメントの基本的な考え方は，その後，欧米にも大きな影響を与えた．

問題4　品質マネジメントの概念　正解と解説

正解

イ

出題分野

SQuBOK樹形図の「1．ソフトウェア品質の基本概念」の「1.2　品質マネジメントの概念」からの出題である．この問題は，組織が高い顧客価値を創造し続け，競争優位を確保し，持続的成功を実現できる活動の基本的な考え方を確認する問題である．

正解の説明

選択肢アに関して，品質は設計と工程で作り込むのは新製品開発重点主義である．したがって，選択肢アの記述は不適切である．なお，検査重点主義とは，製品を検査することにより基準を達成した製品を選別して，市場へ不良品が流出しないようにする考え方である．

選択肢イに関して，組織が高い顧客価値を創造し続け，競争優位を確保し，持続的成功を実現できるためには，製品およびサービスを通して顧客にどのような価値を提供すべきかを考察することが大切である．製品およびサービスのレベルの改善や顧客満足の向上を意識した改善活動を実践することが重要である．したがって選択肢イの記述は適切である．

選択肢ウに関して，検査を強化して悪いものを出さない考え方は，結果系に焦点をあてる品質のマネジメントである．したがって，選択肢ウの記述は不適切である．なお，要因系に焦点をあてる品質のマネジメントとは，品質の悪いものを作った原因を追究して，その原因を排除することにより，初めから品質のよいものを作り出すプロセス作りを基本とする考え方である．

選択肢エに関して，現地現物，小集団活動，全員参加，組織活性化は，現場中心の全員参加による改善という日本的な品質のマネジメントを特徴づける重要な考え方である．したがって，選択肢エの記述は不適切である．なお，コミットメント主導とは，結果に責任を負う確約にもとづいたマネジメントのことであり，いわゆる欧米流の品質のマネジメントはコミットメント主導である．

解説

品質のマネジメントとは，品質に関する組織を指揮し，管理するための調整された活動のことである．組織を長期的かつ安定的に存続させるには，主たるアウトプットである製品やサービスを顧客に提供し，それによって対価を得て，そこから得られる利益を再投資して価値提供の再生産サイクルを維持することが必須である．そのためには，その製品やサービスが長期的に幅広い顧客に満足を与え続けなければならない．また，急激なビジネス環境の変化に対応するために，マネジメントは，制御や統制というより，環境変化へ柔軟かつ臨機応変に適応しながら目的を達成していく活動といった意味に拡大解釈されるようになった．

日本のTQCおよびTQMの発展の中で培われた品質マネジメントの考え方は，お客様が安心して使っていただけるような製品を提供するためのすべての活動であり，徹底した顧客満足の追究や品質を中核とした全員参加での改善が基本である．

問題5　品質マネジメントの概念　正解と解説

正解

ア

出題分野

SQuBOK樹形図の「1．ソフトウェア品質の基本概念」の「1.2　品質マネジメントの概念」からの出題である．この問題は，改善の考え方を確認する問題である．

正解の説明

改善の考え方で重要なことは，その場の思いつきで取り組むのではなく，まず改善の必要性と目的を明確にすることである．そのうえで改善計画を立てて，改善を実行する．この取り組みを次の計画に結びつけ，改善活動を継続的に推進するマネジメント手法をPDCAもしくはPDCAサイクルという．

したがって，選択肢アが適切である．

解説

改善とは，現状の不備を明確にして，その不備を論理的かつ体系的に修正する活動のことであり，市場や事業環境の変化へ効果的に対応する自己変革のメカニズムである．目的を効率よく達成するためのすべての活動がマネジメントであり，改善はそのための武器である．

改善の考え方で重要なことは，その場の思いつきで改善に取り組むのではなく，まず改善の必要性と目的を明確にすることである．そのうえで改善計画と目標を立てて，目標に向けた改善活動を実行する．改善として実行した変更の成果がどう実現されたかという観点から仕事の結果を評価し，改善前よりよくなっていれば，さらによくなるような改善を計画する．また，よくなっていないときにはその原因を考え，対策を講じ，再度計画を立て直すことが重要である．

また，PDCA または PDCA サイクルは改善のマネジメントサイクルの1つで，計画(P：Plan)，実施(D：Do)，確認(C：Check)，処置(A：Act)のプロセスの順に改善活動を実施し，最後の処置(A)では確認の結果から最初の計画を見直し，次の計画に結びつける．このプロセスを繰り返すことにより PDCA は実施される，品質の維持および向上の改善活動や継続的な業務改善活動を推進するマネジメント技法である(図2)．

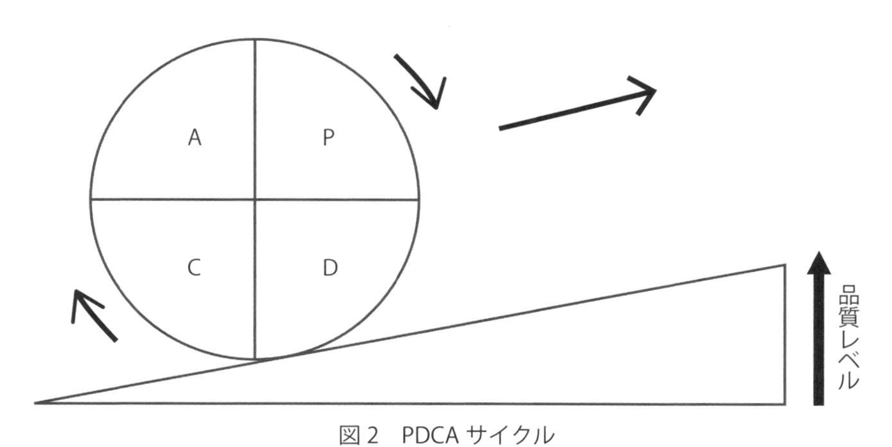

図2　PDCA サイクル

問題6　ソフトウェアの品質マネジメントの特徴　正解と解説

正解

ウ

出題分野

SQuBOK 樹形図の「1. ソフトウェア品質の基本概念」の「1.3　ソフトウェアの品質マネジメントの特徴」からの出題である．この問題は，V&V(検証と妥当性確認)の定義や特徴を確認する問題である．

正解の説明

Verificationとは，仕様適合性を確認すること，正しく作られていることを確認することであり，検証と呼ばれる．また，Validationとは，顧客のニーズの充足性を確認すること，正しいものを作れていることを確認することであり，妥当性確認と呼ばれる．したがって，選択肢アとイは不適切である．

V&Vには，独立した組織がV&Vを実施するIV&V(Independent V&V)がある．したがって，選択肢エも不適切である．

IEEE Std 1012-2016では妥当性確認を，システムあるいはコンポーネントが規定要求事項を満たしているかどうかを決定するために，開発プロセスの途中あるいは最後にシステムあるいはコンポーネントを評価するプロセスと定義している．したがって，選択肢ウが正解である．

解説

Verification(検証)とは，当該の開発工程の成果物がその工程の開始時に課された条件を満足しているかどうかを決定するために，システムあるいはコンポーネントを評価することであり，わかりやすく言えば「正しく」開発していることを確認することである．一方，Validation(妥当性確認)とは，システムあるいはコンポーネントが規定要求事項を満足しているかどうかを決定するために，開発プロセスの途中あるいは最後にシステムあるいはコンポーネントを評価することであり，わかりやすく言えば「正しい」成果物を開発していることを確認することである．

妥当性確認は最終成果物に対して開発プロセスの最終段階で実施されると受け取られがちであるが，開発プロセスの途中でも，顧客のニーズの充足性の観点から，当該プロセスの成果物に対する妥当性確認を実施すべきである．

さらに，V&Vには，独立した組織がV&Vを実施するIV&V(Independent V&V)がある．IV&Vとは，開発組織から技術面，管理面，および財務面で独立した組織が実施する検証と妥当性確認のことである．

問題7　ソフトウェア品質マネジメントシステムの構築と運用　正解と解説

正解

エ

出題分野

SQuBOK樹形図の「2. ソフトウェア品質マネジメント」の「2.1　ソフトウェア品質マネジメントシステムの構築と運用」からの出題である．この問題は，日本のTQC／TQMの発展の中で培われた品質マネジメントの基本的な考え方を確認する問題である．

正解の説明

選択肢ア，イ，ウは，いずれもTQC／TQMの考え方であり適切である．

選択肢エは，ISO 9000ファミリーの1つであるISO 9001：2015に代表される欧米の品質マネジメントシステムに対する考え方である．ISO 9000ファミリーでは，品質マネジメントシステムの有効性の改善のために，プロセスおよびプロセス間の相互作用を体系的に明確にして運営管理するプロセス定義中心の活動を採用することを奨励している．

一方，日本のTQC／TQMは現場中心の全員参加型の改善活動を採用しており，プロセス定義中心の活動とは大きく異なるアプローチである．したがって，選択肢エの記述は不適切である．

解説

TQC(総合的品質管理：Total Quality Control)は1970年代から1980年代にかけて日本で発展した品質管理手法であり，「現地現物」，「小集団活動」，「全員参加」，「組織活性化」などの特徴を持つ．TQCの実践には，全部門，全階層の参加により，全社的に品質管理の教育や訓練を実施するとともに，方針管理により明確化された活動目標に対して，QCサークル活動による改善活動を実施することがあげられる．TQCは，品質管理を越えた経営管理の手法であるTQM(総合的品質マネジメント：Total Quality Management)へと発展した．TQMでは，顧客の要求を満足する品質を経済的に達成することを組織の共通目標として，PDCAサイクルを回す，統計的技法により事実にもとづいて判断するといったアプローチを実施する．

TQC／TQMの発展の中で培われた品質マネジメントの考え方は，お客様に安心して使っていただけるような製品を提供するためのすべての活動であり，徹底した顧客満足の追究や品質を中核とした全員参加の改善が基本である．ISO 9000ファミリーに代表される欧米の考え方との決定的な違いは，プロセスを定義してそのとおりに実行しているかどうかを確認する欧米流に対して，不十分でもとにかく動き出して全員が今より高いところをめざしてプロセスそのものを改善しながら進めるという，日本独特の考え方である．QCサークル，統計的技法などの道具を使用し，組織全体がシステムとして機能しているかのような日本型のマネジメントシステムのメリットは，全員が同じ目的に向かって活動するために効率的で無駄のない組織運営ができる点である．

問題8　ソフトウェア品質マネジメントシステムの構築と運用　正解と解説

正解

ア

出題分野

SQuBOK樹形図の「2. ソフトウェア品質マネジメント」の「2.1　ソフトウェア品質マネジメントシステムの構築と運用」からの出題である．この問題は，コモンクライテリアと評価プロセスにおいてコモンクライテリアのための共通評価方法の基本事項を確認する問題である．

正解の説明

開発するソフトウェアのセキュリティ評価に，評価基準のコモンクライテリアと評価方法の共通評価方法(CC/CEM)を適用する一般的な方法は以下のとおりである．

(1)　そのソフトウェアに適用すべきプロテクションプロファイル(PP)の有無を確認の上，保証のレベルと評価対象の範囲を特定する．

(2)　CCを参照し，保護資産，脅威，セキュリティ目標，セキュリティ機能要件，セキュリティ保証要件，および要件の実現方法を定義するセキュリティターゲット(ST)を作成する．

(3) ソフトウェア開発において，STに従ってセキュリティ機能を実装するとともにCC/CEMを参考として実装の各プロセスである開発，ガイダンス，ライフサイクルサポート，テストおよび脆弱性への対応に係る保証手段がSTで定義したレベルを満たすことを保証するエビデンスを作成する．

したがって，選択肢アが正解である．

解説

ソフトウェア品質マネジメントシステムを組織的かつ継続的に改善するには，障害の顕在化を契機として改善のサイクルを実行する活動が取り組みやすく効果的である．ソフトウェアライフサイクルプロセスにおける基本的な項目を実行していないために品質問題やセキュリティ問題が発生しているならば，基本を確実に実行できるように改善することが先決である．

セキュリティ，すなわち守るべき資産の価値が損なわれる脅威を回避，もしくは軽減することを，組織全体を対象としてマネジメントすることをセキュリティのマネジメントと呼んでいる．セキュリティのマネジメントの中でコモンクライテリア(CC)と評価プロセスにおいてCCのための共通評価方法(CEM)は，ISO/IEC 15408シリーズ，ISO/IEC 18045としてそれぞれ国際規格化されている．

コモンクライテリア(CC：Common Criteria for Information Technology Security Evaluation)とは，ソフトウェア，ファームウェアまたはハードウェアとして実装されたIT製品のセキュリティ評価のための共通基準である．評価プロセスにおいてCCのための共通評価方法(CEM：Common Methodology for Information Technology Security Evaluation)を使用することにより，広範な対象者が国際的に共通の枠組みにもとづいて評価結果を比較および参照可能となっている．

CCとCEMをソフトウェアの開発プロセスに適用することにより，セキュリティ上の脅威に対して有効かつ整合の取れたセキュリティ機能を実装し，要求に応じた脆弱性への対応レベルを満たすための保証を実現することができる．その一般的な方法は以下のとおりである．

(1) 開発するソフトウェアに適用すべき製品分野または技術領域ごとに公開されるプロテクションプロファイル(PP：Protection Profile)を確認する．PPとは，ITやシステムなどに分類される一定の製品群のセキュリティ要件をまとめた文書である．

(2) その結果にもとづいて，保証レベルと評価対象の範囲を特定する．

(3) CCを参照し，セキュリティターゲット(ST)を定義する．STとは，評価対象であるIT製品やシステムが備えるべきセキュリティ機能に対する要件とその仕様をまとめたセキュリティ設計仕様書である．

(4) ソフトウェア開発において，STに従ってセキュリティ機能を実装するとともにCCとCEMを参考として実装の各プロセスで，セキュリティ保証の手段がSTで定義したレベルを満たすことを保証するエビデンスを作成する．

(5) ITセキュリティ評価認証制度を利用する場合には，認証申請手続きとしてSTを認証機関に提出し，第三者評価機関による評価を受ける．評価結果について認証機関の確認を経て，そのソフトウェア製品に対する認定証を取得する．

問題9　ライフサイクルプロセスのマネジメント　正解と解説

正解

ウ

出題分野

SQuBOK樹形図の「2. ソフトウェア品質マネジメント」の「2.2　ライフサイクルプロセスのマネジメント」からの出題である．この問題は，ソフトウェアライフサイクルプロセスに関する国際規格ISO/IEC 12207：2017の使用に関する基本的な考え方を確認する問題である．

正解の説明

選択肢アに関して，本規格の使用者は，使用者の目的や，組織，プロジェクト，業務の内容に合わせて，規格内容を部分選択することや，テーラリングすることが可能である．したがって，選択肢アの記述は誤りである．

選択肢イに関して，本規格はソフトウェアの企画から廃棄に至るまでのソフトウェアライフサイクルを対象としている．したがって，選択肢イの記述は誤りである．

選択肢ウに関して，本規格の目的として，プロセスをアセスメントして改善する国際標準 ISO/IEC 33002：2015 におけるプロセス参照モデルとして活用することを想定している．したがって，選択肢ウの記述は適切である．

選択肢エに関して，本規格は，ソフトウェア製品だけではなく，ファームウェアも対象としている．したがって，選択肢エの記述は誤りである．

解説

ソフトウェアライフサイクルモデルは，特定の開発方法論やベンダーに依存しない共通の言語，すなわちソフトウェアのすべての関係者が共通の認識にもとづいて正確に意思疎通するための枠組みである．

本規格は，ソフトウェアの企画から廃棄に至るまでのソフトウェアライフサイクルにわたる30個のプロセスを整理し，4つのプロセスグループに分類したプロセスモデルを採用している．

本規格のねらいは，ソフトウェアにかかわる人々や組織間の誤解を防ぐことである．本規格は二者間における契約で使用されることも想定している．本規格を利用することにより，当事者間で開発手順，工程，作業内容，用語などが異なることから生じるコストの増大や品質面の混乱を防止できる効果がある．

問題 10　ソフトウェアプロセス評価と改善　正解と解説

正解

ア

出題分野

SQuBOK 樹形図の「2. ソフトウェア品質マネジメント」の「2.3　ソフトウェアプロセス評価と改善」からの出題である．この問題は，CMMI(能力成熟度モデル統合)の基本的な考え方および具体的な方法を確認する問題である．

正解の説明

選択肢アに関して，CMMI に照らす評定方法として，ベンチマーク評定，持続型評定，対応計画再評定，評価型評定の 4 種類がある．したがって，選択肢アの記述は不適切である．

選択肢イ，ウ，エは，CMMI の記述として適切である．

解説

CMMI とは，顧客や最終利用者のニーズを満たすための高品質な製品とサービスを開発する活動に対して，包括的で統合された一連の指針を提供するモデルである．CMMI は，システムや成果物の品質はそれを開発し保守するために用いられるプロセスの品質によって大きく影響されるというプロセス管理の前提にもとづいて開発されている．

CMMI は，カーネギーメロン大学 SEI(ソフトウェア工学研究所：Software Engineering Institute)が開発したものであり，2013 年以降は CMMI 関連の活動を CMMI Institute が実施している．

CMMI に照らす評定方法として，ベンチマーク評定，持続型評定，対応計画再評定，評価型評定の 4 種類がある．各評定種類は，CMMI のベストプラクティスにもとづく組織のプロセスの強みと弱みの所見が得られるように設計されている．CMMI Institute に評定結果を報告する正式評定は，CMMI Institute に認定された評定者のみが実施できる．

CMMI は組織におけるプロセス改善に焦点を合わせており，場当たり的で未成熟なプロセスから，改善された品質と有効性を伴った秩序ある成熟したプロセスへの進化の改善経路をプラクティス領域により示している．CMMIは，成熟度レベルと能力度レベルという2種類の改善経路を持つ．成熟度レベルとは，プロセス領域の集合に1つひとつ順番に取り組むことにより関連するプロセスの集合を組織が改善するアプローチである．一方，能力度レベルとは，組織が選択したプロセスをその組織が1つひとつ改善するアプローチである．

問題11　ソフトウェアプロセス評価と改善　正解と解説

正解

イ

出題分野

SQuBOK樹形図の「2. ソフトウェア品質マネジメント」の「2.3　ソフトウェアプロセス評価と改善」からの出題である．この問題は，パーソナル・ソフトウェア・プロセスおよびチーム・ソフトウェア・プロセスに関する基本的な考え方を確認する問題である．

正解の説明

選択肢アの記述は，PSPの提唱内容の説明である．PSPでは，技術者に自らの生産性を計測させ，自己のプロセス能力を改善させるための訓練技法を提示しているので，この選択肢の記述は正しい．

選択肢イの記述もPSPの提唱内容を説明しようとしているが，この説明内容はTSPの提唱内容であり，PSPの提唱内容の記述としては不適切である．

選択肢ウの記述はTSPの目的と効果を述べている．TSPの目的は，技術者にチームで開発プロジェクトを実施する場合の前提スキルや実施すべき活動を，各メンバーの役割に沿って理解させることで，チームのプロセス能力を改善することである．したがって，選択肢ウの記述は正しい．

選択肢エの記述もTSPの目的と効果を述べている．TSPによりチームでソフトウェアを開発する際のポイントや工程別の留意点を学ぶことができる．したがって，選択肢エの記述は正しい．

解説

PSP(パーソナル・ソフトウェア・プロセス)とは，Watts S. Humphrey が提唱した技術者の自己改善のためのプロセスである．PSP は技術者に自らの生産性を計測させ，自己のプロセス能力を改善させるための訓練技法を提示している．PSP は，技術者の QCD(品質，コスト，納期)にかかわる見積り精度，生産性，成果物の質を向上させることを目的としている．生産性および品質が向上し，技術者の士気が向上するなどの効果を期待できる．

TSP(チーム・ソフトウェア・プロセス)とは，Humphrey が提案したチームでソフトウェア開発を行うためのプロセスである．TSP では，チームで開発を行う場合の開発工程別の留意点を説明するとともに，チームリーダー，開発マネージャー，計画立案マネージャー，品質／プロセスマネージャーといった役割別に，前提スキルや実施すべき活動を提唱している．TSP はチームの QCD にかかわる見積り精度，生産性，成果物の質を向上させることを目的とし，チームのプロセス能力を改善するための手引となる．チームでソフトウェアを開発したことのない人にとっては，チームでソフトウェアを開発する際のポイントを学ぶことができる．

問題 12　検査のマネジメント　正解と解説

正解

ウ

出題分野

SQuBOK 樹形図の「2. ソフトウェア品質マネジメント」の「2.4　検査のマネジメント」からの出題である．この問題は，検査のマネジメントに関する基本的な考え方を確認する問題である．

正解の説明

選択肢アに関して，検査計画は検査方針や検査体制などを含むので，開発部門や利害関係者に事前に開示することが望ましい．したがって，選択肢アの記述は誤りである．

選択肢イに関して，中間成果物である設計書やユーザーマニュアルなどのドキュメント検査においても，合否を判定することが望ましい．したがって，選択肢イの記述は誤りである．

選択肢ウに関して，検査部門は合否判定に責任を持つため組織的には開発部門と独立した組織としたうえで，開発部門と協働して品質を向上していくことが望ましい．したがって，選択肢ウの記述は適切である．

選択肢エに関して，製品検査においては，検査部門が自ら作成したテスト項目にもとづいて検査を実施する．したがって，選択肢エの記述は誤りである．

解説

検査活動の主眼は，製品を顧客に提供してよいかどうかの合否判定にある．検査部門は合否判定に責任を持つ．そのため，検査部門は，顧客の立場に立って客観的な見方による製品検査を行う必要がある．

検査のマネジメントでは，最終段階の製品検査で不合格の判定を下すことがないように，開発の各段階において品質把握に努め，開発部門と協働して品質向上に努めることが必要である．例えば，上流工程において，中間成果物である設計書やユーザーマニュアルなどのドキュメント検査を実施することによって，品質問題を下流工程に持ち越さないための工夫を盛り込んだ検査活動を展開する．

検査活動を円滑に進めるには，検査の基本的な計画を明確にし，検査計画書にまとめておくことが大切である．検査計画書は，検査方針，検査体制，検査方法，検査日程などを記述する．また，過去の検査実績を十分吟味して検査計画に反映することも大切である．

問題13　監査のマネジメント　正解と解説

正解

イ

出題分野

SQuBOK樹形図の「2. ソフトウェア品質マネジメント」の「2.5　監査のマ

ネジメント」からの出題である．この問題は，基準に対する組織活動の遵守の程度を評価する監査に関する基本的な考え方を確認する問題である．

正解の説明

選択肢イは，調達マネジメントにおける請負契約による外部委託の場合の実施事項であり，改善や信頼付与およびプロセス遵守状況の経営者によるレビューを目的とする監査の記述としては不適切である．

選択肢ア，ウ，エは，監査の目的の記述として適切である．

解説

監査とは，組織によって選択された基準を管理対象の活動が遵守している程度を，収集した証拠をもとに，客観的，体系的に評価する活動である．その目的は，1)組織プロセスの改善，2)組織内での適切な組織規範の遵守を担保することによる信頼の付与，3)プロセス遵守状況の経営者によるレビューの実施にある．

組織プロセスの改善は，品質規格やプロセスの実施状況の不備や逸脱などを指摘し，是正処置で不備の発生源となった原因を除去することにより達成する．ソフトウェア開発における監査には，プロセスに焦点をあてて実施するプロセス監査と，製品に焦点をあてたプロダクト監査がある．プロセス監査では開発において，組織で定めた作業プロセスの遵守を確認する．対してプロダクト監査では，開発の各工程による成果物について外形的な要件を中心に確認する．

問題 14　教育および育成のマネジメント　正解と解説

正解

エ

出題分野

SQuBOK 樹形図の「2. ソフトウェア品質マネジメント」の「2.6　教育および育成のマネジメント」からの出題である．この問題は，iCD(i コンピテンシディクショナリ)および ITSS+ に関する基本的な考え方を確認する問題である．

正解の説明

選択肢ア，イ，ウは，iCDの記述として適切である．

選択肢エに関して，第4次産業革命に向けて求められるデータサイエンスやIoTソリューションといった新たな領域の学び直しに焦点をあてたスキルの枠組みはITSS+(ITSSプラス)である．一方，iCDは学び直しに限らず，人材の評価を含む企業におけるIT全般の人材育成への活用を目的としている．したがって，選択肢エの記述は不適切である．

解説

iCDとは，情報処理推進機構(IPA)が策定および公開したスキルフレームワークであり，効果的なIT人材の育成促進，IT人材のキャリアパスの確立，IT人材のスキルレベルの客観的な判断基準の提供を目的とする．

iCDは，企業においてITを利活用するビジネスに求められるタスクと，それを支えるIT人材のスキルを体系化している．iCD以前に発表されている3つのスキル標準ITSS，ETSS，UISS内のIT人材育成に必要な要素を基礎として整理し，加えて共通フレームなどのプロセス体系やSQuBOKなどの知識体系を参照してIT業務のタスクとスキルを充実させ，それらをタスクディクショナリとスキルディクショナリという2つの辞書にまとめている．

iCDのタスクディクショナリを使用し組織ごとに定義した必要業務に対し，社員などの組織メンバーが実行能力を診断することにより，個人ごとの業務状況が見える化できる．また，これまでのスキル標準では容易ではなかった個々の組織に合わせたカスタマイズがしやすくなっている．

一方，ITSS+とは，独立行政法人情報処理推進機構が策定および公開している，第4次産業革命に向けて求められる新たな領域の学び直しの指針である．ITSS+では，人材の評価や調達などでの活用は想定せず，セキュリティ領域，データサイエンス領域，IoTソリューション領域，アジャイル領域といったそれぞれの領域で固有のスキルを整理している．

問題 15　法的権利および法的責任のマネジメント　正解と解説

正解

イ

出題分野

SQuBOK 樹形図の「2. ソフトウェア品質マネジメント」の「2.7　法的権利および法的責任のマネジメント」からの出題である．この問題は，PL 法(製造物責任法)に関する基本的な考え方を確認する問題である．

正解の説明

選択肢アに関して，PL 法(製造物責任法)による責任は，「製造または加工された動産」が対象となるため，プログラムだけでは法の対象にはならない．したがって，選択肢アの記述は誤りである．

選択肢イに関して，民法上の損害賠償請求では製造者の過失を立証しなくてはならないが，PL 法では欠陥の存在を立証すればよい．したがって，選択肢イの記述は適切である．

選択肢ウに関して，個人情報を取り扱う事業者が遵守すべき義務を定めている法律は，個人情報保護法である．したがって，選択肢ウの記述は誤りである．

選択肢エに関して，アルゴリズムなどのアイデアを発明として保護している法律は，特許法である．したがって，選択肢エの記述は誤りである．

解説

PL 法は，製品が通常有すべき安全性を欠いているために生じる生命，身体または財産に及ぼす損害を，被害者が損害の因果関係ではなく被害自体を立証できるなら，製造者に対して賠償を求められるようにするための法である．

PL 法では欠陥を「当該製造物の特性，その通常予見される使用形態，その製造業者などが当該製造物を引き渡した時期その他の当該製造物に係る事情を考慮して，当該製造物が通常有すべき安全性を欠いていること」と定義している．民法上の損害賠償請求では製造者の過失を立証しなくてはならないが，PL 法では欠陥の存在を立証すればよいため，被害者の負担が民法より軽減されている．

　また，ソフトウェア品質に関連の深い知的財産に関連する代表的な国内法規には，PL法のほか，特許法，著作権法，OSS（オープンソースソフトウェア）ライセンス，不正アクセス禁止法，個人情報保護法などがある．これらの法規の目的は以下のとおりである．

　特許法の目的は，発明に対してその権利を保護することである．著作権法は，著作物や実演などの創作者の権利を保護し，第三者による模倣を防止することを目的としている．

　OSSライセンスは，OSSを利用するときの条件をそのOSS著作者が定めたものであり，改変や再頒布する場合にその権利を保護することを目的としている．不正アクセス禁止法は，不正に取得したIDやパスワードなどを用い，ネットワーク経由でシステムに不正にアクセスする行為を禁じることが目的である．また，個人情報保護法は，個人情報を保護するために，個人情報を取り扱う事業者が遵守すべき義務を定めることを目的としている．

問題16　意思決定のマネジメント　正解と解説

正解

エ

出題分野

　SQuBOK樹形図の「2. ソフトウェア品質マネジメント」の「2.8　意思決定のマネジメント」からの出題である．この問題は，プロジェクトの発足や，プロジェクトの進行過程におけるさまざまな意思決定のマネジメントの基本的な考え方を確認する問題である．

正解の説明

　選択肢ア，イ，ウは，意思決定のマネジメントおよびIBMのIPD（統合製品開発：Integrated Product Development）に関する記述として適切である．

　選択肢エに関して，IPDは意思決定のマネジメントにあたり，特定のエキスパートエンジニア任せではなく，ビジネスリスクの判断もできるマネジメントチームで行うことと定めている．したがって，選択肢エの記述は不適切である．

解説

プロジェクトマネージャーやリーダーは，プロジェクトの進行過程で予期せぬ事態の発生に遭遇するものであり，それに応じたプロジェクトの発足や中止，軌道修正，続行の判断と決定が必要となる．これらの判断と決定が意思決定にあたる．

意思決定をしばしばプロジェクト個々やプロジェクトマネージャー個人の判断に委ねることもあるが，組織として標準的な意思決定のメカニズムを確立しておくことが望ましい．その代表例として，IPD やモトローラの M-Gate，SAP ジャパンの Quality Gate がある．

IPD では意思決定のマネジメントにあたり，ビジネスリスクの判断もできるマネジメントチームで行うこと，製品開発のフェーズを「構想」，「計画」，「開発」，「評価」，「量産＆初出荷」，「ライフサイクル（本格的な製造販売保守）」の 6 フェーズに分けること，および，それらの間に 4 つの意思決定チェックポイント（DCP：Decision Check Point）を設けて次フェーズへの着手を判断することを定めている．

また IPD は，意思決定メカニズムだけに留まらず，経営視点に立った開発投資の回収判断方法や部門横断的なプロジェクトチーム編成と運営方法，IPD 自身の実施成熟度の評価方法などを含むプロセス群から構成される．

問題 17　調達のマネジメント　正解と解説

正解

ア

出題分野

SQuBOK 樹形図の「2．ソフトウェア品質マネジメント」の「2.9　調達のマネジメント」からの出題である．この問題は，請負契約による外部委託の実施における留意点を確認する問題である．

正解の説明

選択肢アに関して，所期の品質を有する成果物を取得するためには，委託先のソフトウェア開発プロセスの品質にも目を向けて，プロジェクト遂行中に委託先とのコミュニケーションを密にし，マイルストーンごとの品質を確認できるプロセスを契約時に合意して実施するなどの諸施策が必要である．したがって，選択肢アの記述は正しい．

選択肢イに関して，開発責任が委託元にある契約形態は，派遣契約である．一方，請負契約においては委託先の責任として，委託されたソフトウェアを開発し，所期の品質を達成する義務がある．したがって，選択肢イの記述は誤りである．

選択肢ウに関して，所期の品質を有する成果物を取得するためには，プロジェクト遂行中に委託先とのコミュニケーションを密にすることが望ましい．したがって，選択肢ウの記述は誤りである．

選択肢エに関して，オフショア開発の場合は安全保障貿易管理上，プログラムや設計書も「技術」と見なされる．したがって，選択肢エの記述は誤りである．

解説

請負契約による外部委託とは，ソフトウェア開発の一部またはすべてを組織外の企業に委託することである．そのうち，自国以外の事業者や子会社に委託することをオフショア開発という．

自組織の人員では賄えない数のエンジニアの確保が容易に行え，また，プロジェクト期間内に必要に応じた有期での契約となるためオフショア開発では開発コストの節減も期待できる．請負契約では，委託されたソフトウェアを開発して所期の品質を達成する義務が委託先にある．

外部委託した成果物の品質は，委託先の慎重な選定，要求仕様の正確な伝達と開発プロセスにより確保可能となる．まず調達時に，委託先の技術者のスキル内容やレベル，類似開発の経験程度を確認することが必要である．

開発プロセスについては，CMMI のレベルを委託先選定時の参考情報として利用したり，プロジェクト遂行中に委託先とのコミュニケーションを密にし，マイルストーンごとの品質を確認できるプロセスを契約時に合意して実施したりするなどの諸施策が必要である．委託している場合，仕様変更は品質に大きな影響を与えるため，変更の際は慎重な検討を行い，リスク対策を同時に行うとよい．

オフショア開発の場合は，プログラムや設計書も安全保障貿易管理上の「技術」と見なされるため，輸出管理の手続きについて確認し確実に実施する必要がある．

問題18　リスクマネジメント　正解と解説

正解

イ

出題分野

SQuBOK 樹形図の「2. ソフトウェア品質マネジメント」の「2.10　リスクマネジメント」からの出題である．この問題は，リスクの識別および特定における基本的な考え方および具体的な技法を確認する問題である．

正解の説明

選択肢ア，ウ，エは，いずれもリスクの識別および特定の手法であり適切である．

選択肢イに関して，費用便益分析は，プロジェクトとそれらに関連するすべての費用と便益を計算することで，成果物を生み出す費用がプロジェクトの実行によって生み出される効果より小さいか大きいかを評価する技法である．選択肢イは，リスク分析の成果にもとづき各リスクへの対応必要性や優先順位づけの意思決定を支援するリスク評価および対応に利用できるものであり，対象とするリスクそのものの識別には一般には利用しない．したがって，選択肢イの記述は不適切である．

解説

リスク識別および特定とは，組織の目的の達成を助ける，または妨害する可能性のあるリスクを発見し，認識し特定することである．リスクの識別には，ステークホルダーの多様な知識や経験を持ち寄り，漏れを極力なくすことが望ましい．また，リスクの発生要因は絶えず変化する外部環境による影響が大きいため，その変化に応じてリスクの有効性や新たなリスクの識別可能性などを考慮して更新することが望ましい．

リスク識別の技法として，品質管理技法や問題発見技法で利用される各種の手法を応用できる．具体的には，ブレーンストーミングやKJ法などの思考法，さらには，チェックリストや文書分析などの各種レビュー手法を応用できる．ブレーンストーミングとは，集団でアイデアを出し合う会議方式の一種である．さらに，特定の分野や品質特性について利用される手法として，安全性解析や信頼性解析で用いられているFMEAやFTAなどの手法を応用できる．

これらの手法に加えて，リスクの区分を用いることで，リスクの発見および識別における漏れを減らすことを期待できる．

問題 19　リスクマネジメント　正解と解説

正解

イ

出題分野

SQuBOK樹形図の「2．ソフトウェア品質マネジメント」の「2.10　リスクマネジメント」からの出題である．この問題は，リスク分析および算定に関する基本的な考え方および具体的な技法を確認する問題である．

正解の説明

選択肢ア，ウ，エは，リスク分析および算定に関係する技法として適切である．

選択肢イに関して，IDEALは，初期(Initiating)，診断(Diagnosing)，確立(Establishing)，実行(Acting)，および学習(Learning)の5つのフェーズから構成された継続的および組織的なソフトウェアプロセス改善のライフサイクルモデルであり，リスク分析や算定に焦点をあてた技法ではない．したがって，選択肢イの記述は誤りである．

解説

リスク分析および算定とは，発生原因であるリスクの因子や，因子とその結果における因果関係を分析し，リスクの発生度合いや影響度合いを明らかにすることである．リスク分析の技法は，定性的な分析と定量的な分析に分類される．定性的な分析によりリスク対応への優先度を付け，定量的な分析を行うことによりリスクが及ぼす影響をより具体的な数値として表す．

定性的なリスク分析ではリスクの発生確率と影響度からなるマトリクスに，識別したリスクを記入し評価することにより，リスク対応への優先順位を決定する．

定量的なリスク分析では，リスクの発生する確率分布に従ってシミュレーションを実施し，感度分析やデシジョン・ツリーなどによりコストやスケジュールに対する影響を数値化する．感度分析では，入力を変更した際の出力の変化を定量化することで，変更の影響を分析する．他にも定量化する技法として，インフルエンスダイアグラムなどがある．

リスク分析時にリスクの影響度を明らかにする技法として，リスクマトリクス法やR-Map法（リスクマップ）などの技法，モンテカルロ法を用いたシミュレーション技法がある．モンテカルロ法とは，乱数による試行を繰り返して近似解を得る技法である．

すべてのリスクを定性的な尺度，定量的な尺度の一方で一律に評価できない．ステークホルダーは，各リスクを定性的な尺度と定量的な尺度のどちらを用いれば効果的に評価できるのか検討するとよい．

問題20　構成管理　正解と解説

正解

ウ

出題分野

SQuBOK樹形図の「2. ソフトウェア品質マネジメント」の「2.11　構成管理」からの出題である．この問題は，ソフトウェア構成管理に関する基本的な考え方を確認する問題である．

正解の説明

選択肢アに関して，ソフトウェア構成管理は，ソースコードの変更履歴管理に限定されない．例えば，ドキュメントや，システムを構成する OS，データベースなども構成管理の対象となる．また，複数の構成要素間の関係も管理の対象となる．したがって，選択肢アの記述は誤りである．

選択肢イに関して，ソフトウェア構成管理は，開発プロセスのみならず，ソフトウェアライフサイクル全体を通じて実施される．したがって，選択肢イの記述は誤りである．

選択肢ウに関して，ソフトウェア構成管理は，ソフトウェアライフサイクルを通じて実施され，構成要素の機能や特性を特定可能にするプロセスである．したがって，選択肢ウの記述が適切である．

選択肢エに関して，ソフトウェア構成管理は，開発プロセスのみならず，ソフトウェアライフサイクル全体を通じて実施される．したがって，選択肢エの記述は誤りである．

解説

ソフトウェア構成管理においては，構成する要素の機能や特性を特定可能にし，それらに対する変更を管理および検証し，その状況を記録する活動である．この活動により各要素や要素間の関係の変化を追跡可能になる．

ソフトウェア構成管理の活動内容は，標準や規格により相違はあるものの，概ね次のように列挙することができる．1)構成要素の識別と基準線(ベースライン)の設定，2)構成を制御するための変更管理，3)構成要素への変更履歴を管理するバージョン管理，4)品目の完全性，一貫性，および正確性を保証するための構成評価，5)複数の構成要素間の関係を管理するインターフェース管理，6)正しい構成要素の組合せを配布するためのビルド・リリース管理である．

ソフトウェア構成管理が品質面で重視される 1 つの例は，上記 3)のバージョン管理によって，特定時点でのソフトウェアを復元することができることである．これは障害が発生したときに現象を再現し，原因を調査するために不可欠な機能である．

ソフトウェア構成管理は，ソフトウェアへの変更要求に対する評価活動を含むなど，ソフトウェアライフサイクル全体を通じた広範な活動であることを理解することが大切である．

問題 21　構成管理　正解と解説

正解

ウ

出題分野

SQuBOK 樹形図の「2. ソフトウェア品質マネジメント」の「2.11　構成管理」からの出題である．この問題は，バージョン管理に関する基本的な考え方および具体的な方法を確認する問題である．

正解の説明

選択肢アに関して，チェックアウトとは，ローカル環境にリポジトリから作業用のコピーを作成する作業をさす．対して，リポジトリに加えられた変更を，すでにある作業用コピーに反映させる作業は「更新（アップデート）」と呼ばれる．したがって，選択肢アの記述は誤りである．

選択肢イに関して，チェックイン（コミット）とは，チェックアウト後に作業用コピーへ加えた変更をリポジトリに保存させる作業をさす．対して，指定したファイルを他の人が編集できないようにする作業そのものは「ロック」と呼ばれる．したがって，選択肢イの記述は誤りである．

選択肢ウに関して，本流の開発ツリーは「トランク（trunk）」と呼ばれ，本流の開発ツリーとは異なる変更を加えるためのツリーは「ブランチ（branch）」と呼ばれる．したがって，選択肢ウの記述は正しい．

選択肢エに関して，バージョン管理ツールの形態として，CVS や SVN はクライアント・サーバー型であり，Git や Mercurial は分散型である．したがって，選択肢エの記述は誤りである．

解説

バージョン管理(版管理)とは，ベースラインからの変更内容を把握可能にする管理のことである．ライフサイクルにおけるソフトウェア要素の変更履歴を管理し，任意の変更が反映されたバージョンを一意に識別する．バージョンとは，基準線が設定された後に行われた変更の記録をさす．

バージョン管理を行っているファイルや管理情報を保存する場所を「リポジトリ」と呼ぶ．

リポジトリから編集および閲覧用にファイルを取り出す作業を「チェックアウト」，チェックアウト後に作業用コピーへ加えた変更をリポジトリに保存させる作業を「チェックイン(コミット)」と呼ぶ．リポジトリに加えられた変更を作業用コピーに反映させる作業は「更新(アップデート)」と呼ぶ．1つのコードの同じ個所を異なる人が変更しようとし際に起こる現象を「コンフリクト」と呼ぶ．指定したファイルを他の人が編集できないようにすることを「ロック」と呼び，その解除を「アンロック」と呼ぶ．開発に必要なファイルや，それらを含むディレクトリをツリーと呼び，「トランク」が本流の開発ツリーであり，本流とは異なる変更を加えるためのツリーが「ブランチ」である．

通常，バージョン管理にはバージョン管理ツールを利用する．フリーソフトとして代表的なものとして，クライアント・サーバー型のCVS(Concurrent Versions System)やSVN(Subversion)，分散型のGitやMercurialなどがある．

問題22　プロジェクトマネジメント　正解と解説

正解

ウ

出題分野

SQuBOK樹形図の「2. ソフトウェア品質マネジメント」の「2.12　プロジェクトマネジメント」からの出題である．この問題は，PMBOKガイドおよびP2Mに関する基本的な考え方を確認する問題である．

正解の説明

選択肢アは，P2M（プロジェクト＆プログラムマネジメント）の特徴を説明している．P2M はプロジェクトマネジメントだけでなくプログラムマネジメントも規定している．両マネジメントを通じて組織の能力や資源を効率的に活用し，組織戦略を実現することを目的としている．したがって，選択肢アの記述は正しい．

選択肢イは，P2M の意図を説明している．P2M は企業価値を創造する仕組みづくりへの転換を支援することを意図としている．したがって，選択肢イの記述は正しい．

選択肢ウは，PMBOK（Project Management Body of Knowledge）の対象範囲を説明している．PMBOK ガイドはプロジェクトマネジメントに関するよい実務慣行などを特定することをねらっているが，実際のプロジェクトでの管理の遂行においては，PMBOK ガイドで定義する知識領域以外の適用分野の知識，一般的なマネジメントの知識やスキル，人間関係を円滑にするスキルが必要となる．したがって，選択肢ウの記述は不適切である．

選択肢エは，PMBOK ガイドのねらいを説明している．PMBOK ガイドは，プロジェクトマネジメントの標準用語集とすることで，マネジメントを遂行するうえでの共通の理解を得ることをねらいとしている．したがって，選択肢エの記述は正しい．

解説

PMBOK ガイドは，プロジェクトマネジメントの知識体系のガイドであり，プロジェクトマネジメントに関する実務慣行などを特定することをねらっている．また，プロジェクトマネジメントを実施するうえでの標準用語集として，プロジェクトマネジメントを遂行するうえでの共通の理解を得ることも目的としている．

PMBOK ガイド第 6 版ではプロジェクトマネジメントに固有な知識を，統合マネジメント，スコープマネジメント，スケジュールマネジメント，コストマネジメント，品質マネジメント，資源マネジメント，コミュニケーションマネジメント，リスクマネジメント，調達マネジメント，ステークホルダーマネジメントの 10 の知識エリアで示している．

また，P2M は日本発のプロジェクトマネジメント知識体系である．P2M の特徴はプロジェクトマネジメントに留まらず，それを包含するプログラムマネジメントを規定していることである．P2M により，組織戦略実現のための付加価値の高いプロジェクト編成やイノベーションを加速する仕組み作りを期待できる．

問題 23　品質計画のマネジメント　正解と解説

正解

ア

出題分野

SQuBOK 樹形図の「2. ソフトウェア品質マネジメント」の「2.13　品質計画のマネジメント」からの出題である．この問題は，品質目標の設定やその達成に必要な運用プロセスなどを規定するプロジェクトレベルの品質計画の基本的な考え方を確認する問題である．

正解の説明

選択肢アに関して，品質計画書は総称的な意味で使うことが多く，実際は，プロジェクト計画書の一部，レビュー計画書，テスト計画書など複数の計画書で構成されることが多い．したがって，選択肢アの記述は不適切である．

選択肢イ，ウ，エは，プロジェクトレベルの品質計画に関する記述として適切である．

解説

品質マネジメントシステムへの要求事項を規定した ISO 9001 では，組織は製品実現の計画にあたって，製品に対する品質目標および要求事項や，製品に特有なプロセスや文書の確立の必要性，製品のための検証や妥当性確認などの活動および製品合否判定基準，および，製品実現のプロセスや製品が要求事項を満たすことを実証するための記録を，適切に明確化することを定めている．

特定の製品，プロジェクトまたは契約に適用される品質マネジメントシステムのプロセスおよび資源を規定する文書を，品質計画書と呼ぶことがある．品質計画書は総称的な意味で使うことが多く，実際は，プロジェクト計画書の一部，レビュー計画書，テスト計画書など複数の計画書で構成されることが多い．

競争力のある目標を設定するために，ベンチマークにより世の中の水準や別組織と比較することも重要である．また，検証や妥当性確認の計画策定にあたっては，ソフトウェアでは時期が後になるほど1つの障害の検出および修正にかかる工数が多くなるため，早い段階で検証や妥当性確認を実施するように計画することがプロセスや製品の品質を高めることにつながる．

問題24　品質計画のマネジメント　正解と解説

正解

ウ

出題分野

SQuBOK 樹形図の「2. ソフトウェア品質マネジメント」の「2.13　品質計画のマネジメント」からの出題である．この問題は，品質計画の立案における費用便益分析の基本的な考え方を確認する問題である．

正解の説明

選択肢ア，イ，エは，費用便益分析の記述として適切である．

選択肢ウに関して，便益が費用を上回り，かつ，その差が大きいことが望ましい．したがって，選択肢ウの記述は不適切である．

解説

費用便益分析とは，プロジェクトの投資利益率や投資金額の回収期間と目標の期間とを比較し評価する方法である回収期間法などの経済的指標を用いて，有形および無形の費用と便益を見積もることで，プロジェクトを評価する技術である．

費用便益分析は品質計画の立案にあたり，コスト面の検討や評価について有用である．その方法としては，プロジェクトとそれらに関連するすべての費用と便益を計算して，プロジェクトの成果物を生み出す費用がプロジェクトの実行によって生み出される便益などの効果より小さいか大きいかで，プロジェクトを評価する．したがって「効果－費用」の値が大きいプロジェクトを優先する．

費用便益分析においては便益と費用を金銭に換算するため，評価における良し悪しの判定が明確になる．また，複数のプロジェクトに対して同じ費用便益分析手法を適用することにより，相互の比較が可能となる．

ただし，評価にあたっては結果のみから判断するのではなく，分析の前提条件や使用データ，分析の対象とならない要因，技術進歩によるシステムの価値の変化などについても吟味することが重要である．また，他の評価手法と組み合わせて総合的に判断することが望ましい．

問題 25　要求分析のマネジメント　正解と解説

正解

イ

出題分野

SQuBOK 樹形図の「2. ソフトウェア品質マネジメント」の「2.14　要求分析のマネジメント」からの出題である．この問題は，要求分析のマネジメントで取り扱う要求分析の基本事項を確認する問題である．

正解の説明

要求分析の計画とは，要求抽出，要求分析，要求仕様化を確実に実施できるように計画立案することである．要求抽出とは，要求の発見や要求獲得などとも呼ばれ，参加するすべてのステークホルダーを明確にし，そこからの要求を収集することである．

要求分析とは，異なるステークホルダーから抽出された要求間の競合を解決し，システムの境界，およびシステムとハードウェアや人などとのインターフェースを定め，システム要求からソフトウェア要求へと詳細化することである．また要求間の優先順位を明確化しユーザーと合意する．要求仕様化とは，ソフトウェア要求を抽出および分析した結果をステークホルダーに伝えて共有するとともに，要求の妥当性確認と評価や要求事項のマネジメントのために文書化することである．

したがって，選択肢イが適切である．

解説

SQuBOKでは，要求分析のマネジメントを要求分析の計画と要求の妥当性確認と評価に大別している．

要求分析の計画は，要求抽出，要求分析，および要求仕様化を確実に実施できるように計画立案することである．要求の妥当性確認は，仕様書として文書化された要求が，もともとの要求の発生源としてのステークホルダーなどが真に求めるシステムを定義していることを確認することであり，要求の評価とは，要求の明確さやリスクの抽出状況，要求間の整合性，記述の一貫性，明瞭性などを確認することである．

要求抽出は，要求の発見や要求獲得とも呼ばれ，参加するすべてのステークホルダーを明確にし，そこから要求を収集する作業である．ニーズや要求を見落とさないように適切な抽出方法を決め，要求を文書化し，要求の発生源への再確認などを通じて間違いや漏れがないように留意することが大切である．

また，要求分析とは，異なるステークホルダーから抽出された要求間の競合を解決し，システムの境界およびシステムとハードウェアや人などとのインターフェースを定め，システム要求からソフトウェア要求へと詳細化する作業のことである．要求間の優先順位を明確化しユーザーと合意することが大切である．優先順位づけでは，企業目標やビジネス戦略に合わせた重要業績評価指標（KPI）やバランススコアカード（BSC）を用いることもある．予算や期間の制約によっては実現しないと決める要求もあり，この作業から要求のマネジメントを開始する場合が多い．

さらに，要求仕様化とは，ソフトウェア要求を抽出および分析した結果をステークホルダーに伝えて共有するとともに，要求の妥当性確認と評価や要求事項のマネジメントのために文書化することである．この作業には，ソフトウェア要求仕様書を作成することや，アジャイル開発でプロダクトバックログを作成することも含まれる．要求を文書化することは要求分析を成功させるうえでの基本的な前提条件であり，文書の品質はプロダクトの品質に大きく影響する．

問題 26　設計のマネジメント　正解と解説

正解

ア

出題分野

SQuBOK 樹形図の「2．ソフトウェア品質マネジメント」の「2.15　設計のマネジメント」からの出題である．この問題は，設計のマネジメントの項目の1つである設計方針の決定による利点を確認する問題である．

正解の説明

計画時点で設計方針を決めて関係者全員で共有することは，ソフトウェア構造に一貫性を持たせ，要求品質を満足する設計につながるが，要求の妥当性自体を確認できる訳ではない．したがって，選択肢アは適切でない．

早期に設計方針が決定されれば，必要な時期に設計技法の選択基準や設計ルールを決めることができる．したがって，選択肢イは適切である．

設計方針は開発プロセスだけではなく保守プロセスにおいても維持され，開発プロセスにおける利点と同様の利点がある．したがって，選択肢ウは適切である．

早期に設計方針や設計技法が決定されれば，その技法に習熟した要員の確保のための時間的余裕ができるなど，設計要員の効果的な確保につながる．したがって，選択肢エは適切である．

解説

ソフトウェア設計のマネジメントの目的は，要求されている品質を満足するソフトウェアの内部構造を作成するための活動を定め，要求品質を満足する設計結果を得ることである.

ソフトウェアは，ハードウェアに比べて物理的な制約に縛られることが少ないために，設計の自由度が大きく，設計者によってさまざまな設計解が存在する．ソフトウェアの構造に一貫性を持たせることが容易でない．このため，開発プロジェクトにおいては，あらかじめ設計方針を決めておき，関係者全員で共有できるようにしておくと，設計の一貫性の確保が容易になる．また，設計方針を決めておくと設計技法や設計ルールを効果的に決めることができるし，設計結果の評価基準を効果的に決めることもできる.

問題 27 実装のマネジメント 正解と解説

正解

エ

出題分野

SQuBOK 樹形図の「2. ソフトウェア品質マネジメント」の「2.16 実装のマネジメント」からの出題である．この問題は，実装方針の決定に際して検討すべき項目を確認する問題である.

正解の説明

実装は個々のプログラムのコーディングやテストを行う工程であるため，選択肢ア，イ，ウは実装方針として決めておく必要がある．選択肢エは，実装の前の設計で行う作業である．したがって，選択肢エの記述は不適切である.

解説

実装は構築とも呼ばれ，設計の成果物を入力として，コーディング，検証，単体テスト，場合により統合テスト，デバッグの組合せにより，ソフトウェアを詳細に作成することである．実装の作業に先立って，方針を検討し，品質要求を含む各種の要求を満たすために必要な実装のルールをプロジェクトで定めておくことが実装のマネジメント，ひいては品質の作り込みに不可欠である．実装方針として決定すべき項目には次のものがある.

(1)　採用する言語と再利用部品の利用

開発するソフトウェアや動作するプラットフォームの特徴，実装方法，言語に対するメンバーの習熟度，言語処理系の安定性などを考慮して採用するプログラミング言語を決定する．特定アプリケーション向け再利用部品の統合セットや，アプリケーションを作り上げるための各種設定について利用を検討する．

(2)　コーディング規約およびガイド

変数やラベルの命名規則，フォーマット，コメント，処理記述方法を規約化する．自動車関連ソフトウェアの業界団体MISRAや情報処理推進機構(IPA)が作成した規格やガイドブックを参考にできる．

(3)　標準の利用

OMG(Object Management Group)やISOのような国際標準化組織で定められた標準規格や自組織内で定められた内部標準を参照してインターフェース仕様，実装ツール，インターフェースなどの利用を検討する．

問題28　レビューのマネジメント　正解と解説

正解

エ

出題分野

SQuBOK樹形図の「2. ソフトウェア品質マネジメント」の「2.17　レビューのマネジメント」からの出題である．この問題は，レビューのマネジメントに関する基本的な考え方を確認する問題である．特に，レビューを効果的に実施するために考慮すべきことに焦点をあてている．

正解の説明

選択肢ア，イ，ウは，いずれもレビュー計画時に考慮すべき事項である．したがって，これらの選択肢の記述は正しい．

選択肢エは，対象成果物ができた時点でレビューの実施時期を決めるとしている．この場合，レビュー参加者の招集に不都合が生じるため，また，十分な事前準備がないままレビューを実施することになるため，レビューの成果に影響を及ぼす．これを防ぐために，レビューの実施時期は開発の計画時に考慮すべき事項である．したがって，実施時期を対象成果物ができた時点で定めるという選択肢エの記述は不適切である．

解説

レビューとは，一般に，ソフトウェア開発工程全般で行われる評価および確認の作業のことである．レビューにおいては，開発するソフトウェアの関係者が参画し多角的に検討することによって，対象とする成果物の品質を確かなものにすることができる．適切な時期に適切な参加者によってレビューを実施することが必要である．このため，レビューは開発プロセスの枠組みに組み込んでおくとよい．

レビューを効果的に行うには，どの開発工程の，どの成果物を対象に，どのような参加者で行うかを計画し，チーム内に計画内容を周知しておくことが肝要である．

チェックリストの事前整備により，レビュー漏れなどを防ぐことができ，レビューの視点を明確に定めておけばレビューにおける議論の発散を防ぐことができる．対象成果物やレビュー方法を事前に決めておくことによって妥当なレビュー参加者や，妥当なレビュー開催時期を明確にすることができる．例えば，新技術を採用した場合は，その技術に精通している技術者の参加によって，成果物の技術的内容や，開発メンバーの新技術に対するスキルを確認しやすくできる．また，新技術を採用した場合，大きな手戻りが懸念されるので，工程の途中であっても早めのレビュー実施が有効である．

このように綿密なレビュー実施計画の立案は，効果的なレビューを可能にする．

問題 29　テストのマネジメント　正解と解説

正解

イ

出題分野

SQuBOK 樹形図の「2. ソフトウェア品質マネジメント」の「2.18　テストのマネジメント」からの出題である．この問題は，テストのマネジメントの観点からテストに関する組織の基本的な考え方を確認する問題である．

正解の説明

選択肢ア，ウ，エは，テストの組織に関する記述として適切である．

選択肢イは，アジャイル開発では，開発担当とテスト担当が 1 つのチームで一体となって開発を進めることが多く，単独のテスト組織が存在しない場合もある．したがって，選択肢イの記述は不適切である．

解説

一般にテスト組織は，プロジェクトにおけるテストの活動すべてに関与し，監視する．テスト組織のメンバーは，テストの活動を考慮し，その分野のスペシャリストによって構成されることが望ましい．

独立したテスト組織によってテストが実施されると，一般的に，テストの効果が向上する．独立したテスト組織による実施の利点は，設計部門とは異なる視点でのテストが可能であることや，出荷権限を与えることで厳格な品質保証活動が可能となることである．しかし，独立することで開発スピードを損ねることがあるため，留意が必要である．

問題 30　テストのマネジメント　正解と解説

正解

イ

出題分野

SQuBOK 樹形図の「2. ソフトウェア品質マネジメント」の「2.18　テスト

のマネジメント」からの出題である．この問題は，テストの遂行の基本的な考え方やその方法を確認する問題である．

正解の説明

テストの遂行では，テストプロセスの実施状況や実施結果に関する情報を収集する．テスト実施段階で収集する主な情報には以下がある．

- テストの消化状況(実行したテストケースの数など)
- 障害情報(障害密度，検出された障害数，未修正の障害数など)
- 要求，仕様やコードに対する確認の網羅性(テストカバレッジなど)

これらの情報をレポートにまとめ，分析や作業計画の見直しを行う．

したがって，選択肢イが不適切である．テストスケジュールはテストの遂行を実施する際にはすでに立案されているはずである．

解説

テストの主な役割は，テスト対象の製品やサービスがプロジェクトゴールにそって開発できていることを，テストという手段により検証や妥当性確認，評価をすることである．

したがって，テストマネジメントとは，テストの役割を果たすために遂行する一連のアクティビティをマネジメントすることである．

一連のアクティビティとは，開発プロジェクトの初期において策定されるテスト計画にはじまり，テストの進捗コントロール，テストを担う開発者の組織編成とその運用，開発プロセスにおけるテストレベルの設定，テスト環境の整備のための環境マネジメント，リスクマネジメント，品質評価のためのテストの記録や結果のマネジメント，テスト資産の保守などといった多くのマネジメント要素で構成される．

そのうちの「テストの遂行」では，テストプロセスが計画どおりに進んでいるかどうかのモニタリングとその結果をもとにした作業のコントロールを行う．これは、テストプロセスに関して計画との乖離や品質状況を把握し，計画にフィードバックすることを目的としている．

また，テストリスクマネジメントでは，プロジェクトあるいはプロダクトのリスクのうち，テストにかかわる要素をマネジメントする．プロジェクトの遂行を妨げる要因のうち，テストにかかわる要因を識別し，そのマネジメントを行うことが目的であり，実施すべきテストが漏れることにより発生しうる損害について，その損害の発生確率や影響度を最小限に抑えるようにテストを計画し，管理することになる．

問題 31　品質分析および評価のマネジメント　正解と解説

正解

ウ

出題分野

SQuBOK 樹形図の「2. ソフトウェア品質マネジメント」の「2.19　品質分析および評価のマネジメント」からの出題である．この問題は，ソフトウェア製品品質の分析および評価に関する基本的な考え方を確認する問題である．

正解の説明

ソフトウェア製品の品質を分析および評価する手順は次のとおりである．

(1)　品質評価計画の策定：評価対象，評価スケジュール，評価者などを計画する．

(2)　品質目標，メトリクス，手法の定義：品質に関するニーズを品質特性，副特性，メトリクスを使って定義する．定義したそれぞれのメトリクスに対して達成すべき値または範囲を品質目標値として決める．

(3)　分析および評価データの取得：実際の開発や調達などの局面でデータを取得する．

(4)　品質の分析および評価：(3)で得たデータにもとづいてメトリクスの測定値を求め，(2)の品質要求定義で定めた品質目標と比較して品質を分析し評価する．

(5)　総合評価，改善：評価結果を総合し，ソフトウェア製品として全体的に品質を評価し，今後の改善に活かす．

したがって，選択肢ウが適切である．

解説

ソフトウェア製品の品質分析および評価では，品質をユーザーの視点にもとづき，さまざまな側面から体系的に評価する．ソフトウェア製品の開発や調達に際して，機能だけではなく品質についてもニーズを整理して品質要求事項として定義することが大切である．

品質要求は，障害件数の観点だけではなく，ISO/IEC 25000 シリーズ(SQuaRE)における品質特性の観点にもとづいて定義するとよい．例えば，エンドユーザーの使いやすさに着目した使用性の観点や，最近特に注力が必要なセキュリティの観点など，さまざまな観点から定義する．

標準類を活用するときは，自らのソフトウェア製品や使用環境を十分に考慮してテーラリングすることも併せて大切である．

問題 32　リリース可否判定　正解と解説

正解

ア

出題分野

SQuBOK 樹形図の「2. ソフトウェア品質マネジメント」の「2.20　リリース可否判定」からの出題である．この問題は，リリース可否判定の 1 つである製品出荷判定に関する基本事項を確認する問題である．

正解の説明

選択肢アは，出荷判定基準としては不十分である．検査の合格にもとづいて判定するためには，その前提条件として検査自体の質が一定以上であることが保証されている必要がある．さらに保守手順が定められていることや，保守サポート部門へ必要な情報が提供されていることなど出荷以降の活動に関する事項も出荷判定基準に入れておく必要がある．したがって，選択肢アの記述は適切でない．

選択肢イは，一般的に行われている出荷判定体制の説明である．したがって，選択肢イの記述は適切である．

選択肢ウは，不合格になった場合でも，製品の使用方法によっては許容できると判断され出荷が認められることがある．したがって，選択肢ウの記述は適切である．

選択肢エは，例えば運用システムを構築するプロジェクトでは，製品出荷判定ではなく，本稼働を開始する前に本稼働システムへの切り替えの可否を判定する本稼働移行判定が行われることがある．したがって，選択肢エの記述は適切である．

解説

プロセスの次の段階または次のプロセスに進めることを認めるかどうかを判定することをリリース可否判定と呼ぶ．ただし，プロセスの次の段階が製品の市場への出荷の場合は，製品出荷判定と呼ぶ．あらかじめ定めた品質基準を満たしていることを事実やデータで評価することによって製品出荷判定を行う．判定にあたっては判定責任者を設けその権限を明確にしておく．

判定で不合格になった場合，基準を満たさなかった項目に対して是正処置などの対策が実施され，改めて判定が行われる．なお，製品出荷が不合格と判定された場合でも，製品の使用方法によっては許容できると判断され出荷が認められることがある．これを特別採用と呼ぶ．特別採用は，通常，製品の利用者との間で合意された期間や製品の数量の範囲内で引き渡す場合に限定される．

問題 33　運用および保守のマネジメント　正解と解説

正解

エ

出題分野

SQuBOK 樹形図の「2. ソフトウェア品質マネジメント」の「2.21　運用および保守のマネジメント」からの出題である．この問題は，サービスレベルマネジメントの基本的な考え方やその活動方法を確認する問題である．

正解の説明

SLMとは，ITサービス提供者が，サービス利用者と事前にサービスの内容および品質水準について明示的に契約したSLAを達成するための継続的な品質改善をめざすマネジメント活動である．サービス品質のカテゴリごとにメトリクスと基準値を設定して，サービス提供開始後に実績値の測定および評価にもとづくマネジメント活動を進める．

したがって，選択肢エが適切である．

解説

SLMは，サービス提供者がSLAを達成するために，「サービス提供計画」，「サービス提供と実績測定」，「報告とレビュー」，「是正」，「計画の見直し」というPDCAサイクルを回すことで行われる．つまり，SLAが適切に実行されているかどうかの監視や監視結果にもとづく改善活動などのマネジメント活動がSLMである．

SLMを実施する効果としては，1）サービス提供者がSLAを安定的に達成でき，サービス利用者は期待するサービスを享受できること，2）拡大しがちな利用者ニーズに対して，SLMの導入によりコストとリスクに見合ったサービスを実現できるようになること，などがある．

また，利用者ニーズと環境の変化に対応するために，SLAの内容を適切なサイクルで見直すことや，SLA締結時および改訂時にサービスのコスト見積りや達成リスクをビジネスの観点から評価することも大切である．

問題34　運用および保守のマネジメント　正解と解説

正解

イ

出題分野

SQuBOK樹形図の「2. ソフトウェア品質マネジメント」の「2.21　運用のマネジメント」からの出題である．この問題は，サービスレベルマネジメントで必要なSLAの基本的な考え方を確認する問題である．

正解の説明

サービスは物理的な実体のあるハードウェア製品や，要件定義書と外部設計書のあるソフトウェアに比べて，提供する内容や品質水準があいまいになりやすく，提供者と利用者の間で行き違いが生じやすい．

そこでSLAにより，事前にサービス内容を厳格に定義し，サービス品質水準をメトリクスと基準値によって明示的，また定量的に定義することで，あいまいさを排除しておくことが重要である．

したがって，選択肢イが適切である．

解説

SLAはサービス提供者とサービス利用者の間でサービスの契約の際に，提供するサービスの内容，両当事者の責任，品質の達成水準を明確にして，それが未達成時の処理も含めて，明文化する文書である．

サービスは物理的な実体のある製品に比べて内容を理解しにくく，サービス提供者とサービス利用者の間で何がどの程度行われるのかに関する認識の食い違いが生じる可能性が高い．特に，中長期にわたって提供されるサービスの場合，「品質は当初はよかったが，次第に低下した」とか「よい品質の場合もあれば，必ずしもそうでない場合もある」といったことが少なくない．そこで，サービスの水準を数値によって明示的，また定量的に定義することで，役割と責任の所在についてのあいまいさを排除することがSLAの役割である．

可用性，応答性，完全性，セキュリティなどのサービス品質のカテゴリごとに品質メトリクスと基準値を設定して定義し，サービス契約書に組み込む．

SLAの内容は，努力目標ではなく，サービスの品質保証であるから，SLAでは具体的な数値を用い，サービス内容のレベルを定量的に判断できることが重要である．

問題 35　運用および保守のマネジメント　正解と解説

正解

ア

出題分野

SQuBOK 樹形図の「2. ソフトウェア品質マネジメント」の「2.21　運用および保守のマネジメント」からの出題である．この問題は，ソフトウェアライフサイクルプロセスにおける保守に関する作業を確認する問題である．

正解の説明

選択肢アは，適応保守(adaptive maintenance)を説明している．したがって，選択肢アの記述が適切である．

選択肢イは，是正保守(corrective maintenance)を説明している．したがって，選択肢イの記述は誤りである．

選択肢ウは，予防保守(preventive maintenance)を説明している．したがって，選択肢ウの記述は誤りである．

選択肢エは，完全化保守(perfective maintenance)を説明している．したがって，選択肢エの記述は誤りである．

解説

ソフトウェアを運用することによって，初めて，ソフトウェアはユーザーに価値を提供できる．そして期待される期間にわたり運用を継続し，ユーザーが満足する価値あるサービスを提供し続けるためには，ソフトウェアの適切な保守が必要である．

国際規格 ISO/IEC 14764：2006 は，ソフトウェアライフサイクルプロセスにおける保守プロセスを詳細に定義した規格である．

保守作業の内容を標準規格にそって定義しておくことによって，例えば，ソフトウェア提供者とソフトウェア利用者の間にまたがる活動を円滑に進めることができる．

標準規格を活用するときは，組織，プロジェクト，業務の実情に合わせて規格の内容を選択し，テーラリングして活用することも大切である．

問題36　メトリクス　正解と解説

正解

イ

出題分野

SQuBOK 樹形図の「3．ソフトウェア品質技術」の「3.1　メトリクス」からの出題である．この問題は，メトリクスを構成する尺度の基本的な考え方および典型的な分類の理解を確認する問題である．

正解の説明

設問における重大度レベルについて，その説明から尺度として A＜B＜C＜D という順序を持つことがわかるが，隣り合う 2 つの重大度レベル間(例えば A と B)の間隔がすべて等しいことは規定されていない．そのため順序尺度に該当することがわかり，間隔尺度に該当することの保証はない．また，単なる分類に留まらず順序を持つため名義尺度よりも順序尺度が適切である．さらに，原点を持たず比率の計算に意味がないため比率尺度ではない．

したがって，選択肢イが適切である．

解説

尺度とは，測定可能な特徴を示す属性を測定する際に必要となるものさしである． ISO/IEC 15939：2007 では，尺度(scale)は「連続的若しくは離散的な値の順序集合または分類の集合で，それに属性を対応付けるもの」と定義されている．

尺度は一般に，情報量の少ない順に名義尺度，順序尺度，間隔尺度，比率尺度(比尺度)の 4 つに分類される．名義尺度は，測定値を分類するための尺度である．順序尺度は，測定上の点の順序に対する尺度である．間隔尺度は，等間隔の尺度上の点の順序に対応する尺度である．比率尺度は等間隔の尺度上の点だけでなく，原点を持ち，絶対値に対応する尺度である．

定性的なデータを扱う場合には，名義尺度または順序尺度を用い，定量的なデータを扱う場合には，間隔尺度または比率尺度を用いる．また，独自に定義した尺度を用いる場合は，その定義を明らかにし，尺度を共有する関係者間で十分な認識合わせを行う必要がある．

問題37　メトリクス　正解と解説

正解

ア

出題分野

SQuBOK樹形図の「3．ソフトウェア品質技術」の「3.1　メトリクス」からの出題である．この問題は，ソフトウェアの機能規模を測定する規模メトリクスであるファンクションポイント法の基本的な考え方を確認する問題である．

正解の説明

選択肢アに関して，ファンクションポイント法の測定にあたっては，ソフトウェアアプリケーションの境界を決めたうえで顧客が利用する機能に着目して規模を定量化する．一方，ソフトウェア内部のモジュール構造とは，開発者による設計の結果であり，ファンクションポイント法が扱う事柄ではない．したがって，選択肢アの記述は不適切である．

選択肢イ，ウ，エは，ファンクションポイントに関する記述として適切である．

解説

ファンクションポイント法とは，ソフトウェアの機能を点数づけしたファンクションポイントを測定する方法をまとめたメトリクスである．その具体的な測定方法としては，国際的なユーザーグループであるIFPUG（International Function Point Users Group）が定めるIFPUG法がもっとも多く使われており，他にも，IFPUG法を基本とした簡易なMark Ⅱ法や，組込み系ソフトウェアに有効なCOSMIC-FFP法などがある．

共通の測定方法としては，アプリケーションの境界を決めたうえで，機能

(ファンクション)として測定する要素ごとに機能を抽出する．IFPUG法では，外部入力，外部出力，外部照会，内部論理ファイル，外部インターフェースの5種類の機能種別がある．最後に，個々の機能について，その複雑さをもとにした重み付けを行って合計した結果がファンクションポイントとなる．

ファンクションポイント法により得られるファンクションポイントを用いて，異なる言語やプラットフォームで開発されたシステムの規模や品質，生産性を比較できる．例えば，ファンクションポイントあたりの障害の数という形で，品質の比較が可能となる．

測定者のファンクションポイント法に関する知識や経験が浅い場合は，測定結果が測定者によって異なることがある．測定の正確性を向上させるためには，測定に関する適切な教育を行う必要がある．

問題38　メトリクス　正解と解説

正解

エ

出題分野

SQuBOK樹形図の「3．ソフトウェア品質技術」の「3.1　メトリクス」からの出題である．この問題は，ソフトウェア製品やプロセスの測定可能な特徴を確認する問題である．

正解の説明

選択肢ア，イ，ウは，いずれもプロセスメトリクスである．

選択肢エのテスト中に発見された障害数は，ソフトウェア製品そのものやソフトウェアの振る舞いなどにおける属性であり，プロセスメトリクスではなくプロダクトメトリクスに属するメトリクスである．したがって，選択肢エはプロセスメトリクスとしては不適切である．

解説

ソフトウェアの品質改善には，ソフトウェア製品そのものと，それを生み出すプロセスの両方を客観的に測定し評価する必要がある.

主なメトリクスには，製品の属性を測定するプロダクトメトリクスと，プロセスの属性を測定するプロセスメトリクスの2種類がある．代表的なプロダクトメトリクスには，製品品質メトリクスと利用時の品質メトリクス，複雑度のメトリクス，規模のメトリクスがある．また，代表的なプロセスメトリクスには，プロセスの実施に要した時間や工数のほか，投入時間または工数当たりの開発規模を表す生産性のメトリクスがある.

プロセスメトリクスとして用いられるプロセスの効率性や生産性，安定性などは，プロセスの出力として得られる製品の品質に大きな影響を及ぼす．このため，プロセスメトリクスからソフトウェア製品の品質をある程度予測できる．したがって，プロセス品質を測定し，評価し，改善することが，ソフトウェア製品の品質を確保し，改善するために重要である.

どのようなメトリクスを用いるかは，何を目的にして，どのような目標を設定するかにもとづいて決める．目的によっては，プロセスの評価にプロダクトメトリクスを用いる場合もある.

メトリクスを用いる目的は，あくまで製品やプロセスの品質を定量的に把握および評価し，継続的に改善することにある．測定すること自体が目的とならないようすることが肝要である.

問題39　モデル化の技法　正解と解説

正解

ア

出題分野

SQuBOK樹形図の「3. ソフトウェア品質技術」の「3.2　モデル化の技法」からの出題である．この問題は，離散系のモデル化技法の代表的なモデル化言語であるUMLの表記法を確認する問題である.

正解の説明

主なUMLの図(ダイアグラム)には以下がある.

- オブジェクト図は，インスタンス（オブジェクトの実体）の構造を表す図のことである．
- ユースケース図は，システムが提供するサービス群とその利用者の関係を表す図のことである．
- コンポジット構造図は，システム実行時のソフトウェア構造を表す図のことである．
- クラス図は，クラスの構造を表す図のことである．
- コミュニケーション図は，オブジェクト間の相互作用をオブジェクトの構造にもとづいて表す図のことである．
- アクティビティ図は，アクティビティの実行順序や実行条件，実行者の関係を表す図のことである．

したがって，選択肢アが正解である．

解説

近年，モデル化の技法は，ソフトウェア開発だけではなく，システム開発全般にわたり，ますます広く適用されつつある．モデル化の技法は，振る舞いのモデル化の方法の違いに着目すると離散系のモデル化技法と連続系のモデル化技法に大別される．

離散系のモデル化技法では，主に振る舞いを１つひとつの事象やそれに伴う状態の連なりとして捉える．振る舞い以外の構造といった側面も，通常，同一のモデル化言語や環境下で整合のとれる形でモデル化する．

UMLは，この離散系のモデル化技法の代表的なモデル化言語である．UMLは，ソフトウェアの要求，仕様，構造などをオブジェクト指向にもとづいてモデル化する．UMLは，複数の図を用いた表記法で構成されている．

離散系のモデル化を通じて，システム開発における関係者間の意思疎通を図りながら対象システムの分析や設計を確実に進めることができ，機能適合性や保守性，移植性といった要求品質の作り込みや確認が容易になり，シミュレーション解析などにより，一定の品質を確保しながら効率的に開発を進めることが期待できる．

問題40　モデル化の技法　正解と解説

正解

エ

出題分野

SQuBOK樹形図の「3. ソフトウェア品質技術」の「3.2　モデル化の技法」からの出題である．この問題は，連続系のモデル化技法の特徴を確認する問題である．

正解の説明

選択肢ア，イ，ウの記述は，いずれも離散系および連続系のモデル化技法の両方で共通に享受できる効果である．

選択肢エのSimulinkは，連続系のモデル化において用いられる代表的なドメイン特化言語の1つである．したがって，選択肢エが連続系のモデル化技法を特徴づける記述としてもっとも適切である．

解説

モデル化の技法とは，問題解決の対象を抽象化して表現する技法である．対象の振る舞いに対するモデル化の方法の違いによって離散系のモデル化技法と連続系のモデル化技法に大きく分けられる．

離散系も連続系も，ともに対象のモデル化を通じて，対象の分析や設計を確実に進めることができる．このため開発時の手戻りによる無駄が排除でき，開発コストが膨らむリスクを低減できる．また，シミュレーション解析などモデルの実行時の振る舞いを検証するツールを利用することにより，最終的な製品を動作させる前の段階で製品の信頼性や性能効率性，安全性などを確認することが，ある程度可能となる．このため，例えば危険が伴う製品の開発では安全面のリスクも低減できる．さらに，ツール利用により開発段階で高価な製品の実物を用いる必要がないため，開発のコスト面のリスクも併せて低減できる効果を享受できる．

このようにモデル化によって得られるさまざまな効果は，ツールの利用によって離散系，連続系ともに増加する．代表的なツールは，離散系のモデル化には統一モデリング言語(UML)があり，連続系のモデル化にはドメイン特化言語である Simulink や LabVIEW などがある．

問題 41　形式手法　正解と解説

正解

ウ

出題分野

SQuBOK 樹形図の「3. ソフトウェア品質技術」の「3.3　形式手法」からの出題である．この問題は，形式手法における形式仕様記述の技法を確認する問題である．

正解の説明

形式仕様記述は，要求仕様や設計を厳密に記述するための技法である．選択肢ア，イ，エはこの記述に関する文章であるが，選択肢ウは形式仕様で記述された仕様を検証する技法を説明したものである．したがって，選択肢ウの記述は不適切である．

解説

形式手法は，要求仕様や設計を厳密に記述する形式仕様記述の技法と，形式言語で記述されたモデルや実行コードに対して，検証すべき性質を与えて検証を行う形式検証の技法の 2 つに大別される．

形式仕様を記述できる形式言語にはさまざまなものがあり，言語ごとに検証などの方法をまとめた技法や支援ツールがある．代表的なものに，VDM (Vienna Development Method)，Event-B および B メソッド，Alloy がある．目的に応じて技法やツールを選択するとともに，開発プロセスでの活用の仕方を定めておくのがよい．形式言語を用いて記述された仕様は直感的に理解しにくいので，必要に応じて別途自然言語や図表などで仕様を記述することになる．

形式検証の技法には，網羅的にさまざまな場合を探索するモデル検査と，論理的に説明を試みる定理証明の2つの考え方がある．モデル検査は，起き得る状態遷移を網羅的に探索し，性質が成り立つかどうかを調べる．定理証明は，モデルや実行コードについて，成り立つことがすでにわかっている公理や定理，仮定をもとに，検証したい性質が成り立つか否かを数学的に証明していく技法である．

問題42　要求分析の技法　正解と解説

正解

イ

出題分野

SQuBOK樹形図の「3．ソフトウェア品質技術」の「3.4　要求分析の技法」からの出題である．この問題は，要求分析で扱う要求の種類を確認する問題である．

正解の説明

要求には，製品そのものに対する要求だけでなく，その要求を実現するための開発や保守の仕方に関する要求がある．要求分析の技法では，前者を製品要求，後者をプロセス要求と呼んで明確に区別されている．

製品要求は，さらにシステムやソフトウェアが果たすべき機能に関する機能要求と，機能面以外のもの全般に関する非機能要求に区別される．

したがって，選択肢イが正解である．

解説

要求分析は，要求の抽出，分析，仕様化，妥当性確認と評価の4つの活動に分けることができ，それぞれの活動に対して技法がある．取り扱われる要求は，開発する製品（システムやソフトウェア）に対する製品要求と，開発に対する制約条件であるプロセス要求に分かれる．

製品要求はさらに，想定される環境下で製品が果たすべき機能に関する機能要求と，機能を「いかに果たすか」という非機能要求に分かれる．非機能要求には性能，信頼性，使いやすさなどがある．要求の仕様化にあたっては明確であいまいさのない表現が求められるが，非機能要求は機能要求に比べてあいまいになりがちであるため，計測可能なメトリクスを用いて要求を表現するとよい．

プロセス要求は，製品を生み出すためのプロセス，消費可能な資源やコスト，実現時期といった開発上の制約条件である．特定のプロセスモデルやプログラミング言語の指定は典型的なプロセス要求である．要求は，顧客や開発組織だけでなく，安全性統制機関のような第三者によって課せられることもある．プロセス要求の性格上，発注者から陽に表明されない場合があるので，製作者側としては，あとで大きな問題にならないよう初期の段階で要求を明らかにしておくことが大切である．

問題43　要求分析の技法　正解と解説

正解

ウ

出題分野

SQuBOK樹形図の「3. ソフトウェア品質技術」の「3.4　要求分析の技法」からの出題である．この問題は，要求の妥当性確認と評価の方法を確認する問題である．

正解の説明

要求の妥当性確認と評価では，要求やモデルのレビュー，プロトタイピング，受け入れテストの設計などを通じて，ステークホルダーのニーズや上位の要求に照らし合わせてソフトウェア要求が妥当であることを確認し，要求そのものの記述の品質も評価する．

選択肢ア，イ，エは要求の妥当性確認と評価に関する適切な記述である．

選択肢ウのプロトタイピングは，開発側における要求の解釈結果を，仕様書ではなく具体的にいくらか動作するプログラムなどの形でステークホルダーに提示して評価を受ける方法である．したがって，選択肢ウの記述が不適切である．

解説

要求の妥当性確認と評価の目的は，ソフトウェア要求が妥当であることを確認し，要求そのものの記述の品質を確保することである．その方法として，要求やモデルのレビュー，プロトタイピング，受け入れテストの設計がある．

要求やモデルのレビューでは，さまざまなステークホルダーのニーズを満足できるように，ソフトウェア要求仕様がソフトウェアの機能と特性を正確に説明していることを確認するとともに，要求が次の段階である設計および開発フェーズに進むために必要な情報を提供していることを確認する．

プロトタイピングでは，要求の解釈結果を具体的にいくらか動作する形にして開発側からステークホルダーに提示し，解釈のずれの発見や新たな要求の獲得につなげる．

受け入れテストの設計では，システムやソフトウェアが要求を満足することを最終的に直接動作させて確認する受け入れテストの内容を要求分析フェーズで設計することを通じて，ソフトウェア要求仕様の評価を行う．

問題 44　設計の技法　正解と解説

正解

ウ

出題分野

SQuBOK 樹形図の「3. ソフトウェア品質技術」の「3.5　設計の技法」からの出題である．この問題は，方式設計における部品化の技法を確認する問題である．

正解の説明

方式設計の段階で用いられる部品化の技法は，開発するソフトウェアの責務(機能やデータ，そのまとまり)を分割し，個々の責務を担う部品の組合せによってソフトウェアを構成する技法である．

選択肢ア，イ，エはこの部品化の設計で用いられる技法であるが，選択肢ウは個々のモジュールの実装の際に用いられる技法である．したがって，選択肢ウの記述は不適切である．

解説

方式設計では，ソフトウェアの全体構造，部分構造，および振る舞いを決定する．方式設計はソフトウェアアーキテクチャ設計とも呼ばれ，ISO/IEC/IEEE 42010では，ソフトウェアを分割して部分要素群を組織化する方法(ソフトウェアアーキテクチャ)を記述することと定義されている．この部分要素のことをコンポーネントと呼ぶ．

部品化の技法は，個々の責務を担う部品の組合せによってソフトウェアを構成する技法である．部品化のアプローチの代表的なものは，以下に述べる構造化設計，オブジェクト指向設計，コンポーネントベース設計，サービス指向設計である．アプローチごとに定義されている設計技法に従うことにより，分割方法や部品化の指針が得られる．

(1)　構造化設計

機能を階層構造化してソフトウェアを構成する技法である．入出力データ構造やデータフローに着目してトップダウンに機能分割を行うことでソフトウェアを部品化する．代表的な構造化設計技法として，ジャクソン法，ワーニエ法がある．

(2)　オブジェクト指向設計

データと手続きを一体化し，内部のデータや振る舞いを隠蔽(カプセル化)したオブジェクトを定義し，オブジェクトの組合せでソフトウェアを構成する．代表的なオブジェクト指向設計技法として，Unified Process(UP)，ICONIX(アイコニクス)がある．

(3)　コンポーネントベース設計

比較的大きな粒度の部品であるコンポーネントを構成単位とし，コンポーネント間の結合によってソフトウェアを構成する技法である．オブジェクト指向設計を基本として，関連性の強いオブジェクトをまとめることでコンポーネントを抽出する．代表的なコンポーネントベース設計技法として，UML Components，KobrAがある．

(4) サービス指向設計

エンドユーザーが直接利用する機能をサービスと定義し，サービスを構成単位としてシステムを構成する技法である．

問題 45　設計の技法　正解と解説

正解

ウ

出題分野

SQuBOK 樹形図の「3. ソフトウェア品質技術」の「3.5　設計の技法」からの出題である．この問題は，詳細設計におけるデザインパターンの内容や効果を確認する問題である．

正解の説明

デザインパターンは，ソフトウェア設計の特定の文脈上で起こる問題と，それを解決するために取り得る解法，その適用により得られる結果をまとめたものである．

選択肢ア，イ，エは，それぞれデザインパターンの概要，効果，留意点の一部を述べたものであるが，選択肢ウは設計の基本思想や作法を示した設計原則の例である．したがって，選択肢ウの記述が不適切である．

解説

設計原則が設計の指針や作法を示し，問題領域をソフトウェアとしてどのように設計するかの考え方として用いられるのに対して，デザインパターンは，より具体的に詳細設計で利用できるソフトウェアパターンとして，外部との関係条件（文脈）が同じ場合に，類似した問題に対する共通解を提供することを目的としている．これにより，高度な設計者のノウハウを後進の設計者が活用できるようになる．解決方法の型紙とも考えられる．設計者はデザインパターンに示されている問題の背景や適用可能性の説明を理解し，自身の解決対象のシステムの特徴や解決したい問題と近いものがあれば，提示されている解法の適用を検討すればよい．

代表的なものにオブジェクト指向におけるGoFデザインパターンがある．生成に関するパターン，構造に関するパターン，振る舞いに関するパターンの3つのカテゴリで23種類のパターンがまとめられている．

適用の効果としては，経験の浅い設計者であっても，将来の変更要求も視野に入れた保守性や再利用性の高い設計ができることが期待できる．

デザインパターンによる問題解決は汎用性がある反面，そのために個別の実装においては冗長性を生じる可能性がある．開発対象のソフトウェアに求められるパフォーマンスなどのさまざまな要求とのトレードオフを考えるとよい．

問題46　実装の技法　正解と解説

正解

エ

出題分野

SQuBOK樹形図の「3．ソフトウェア品質技術」の「3.6　実装の技法」からの出題である．この問題は，実装におけるコーディング規約の内容や効果を確認する問題である．

正解の説明

ソフトウェアの開発や保守では，ソースコードの読みやすさ，理解しやすさが品質を作り込むことにつながるため一定のルールに従ってコーディングする規約（コーディング規約）をプロジェクトで定めておくことが大切である．

選択肢ア，イ，ウはこのコーディング規約に関する説明であるが，選択肢エは契約による設計に関する説明であり，外見上のコーディングではなく個々のルーチン間の処理に関する説明である．したがって，選択肢エの記述は不適切である．

解説

コーディング規約とは，命名規則，フォーマット，コメント，処理記述方法など，プログラムをコーディングする際の記述の仕方に関する規約の総称である．規約に従った記述をすることで，作成者以外の者にも読みやすく，理解しやすいものとなる．また，コンパイラの互換性が保証されない命令コードを使わないことや，特定の処理の判定の順序を統一するといった経験者のノウハウも規約に含めることにより，さらに品質向上が期待できる．

具体的なコーディング規約としては，プログラミング言語あるいはフレームワークごとにデファクトスタンダードなものが存在する．それらの規約をプロジェクトの状況に応じて，テーラリングして利用するとよい．

問題47　レビューの技法　正解と解説

正解

エ

出題分野

SQuBOK樹形図の「3. ソフトウェア品質技術」の「3.7　レビューの技法」からの出題である．この問題は，レビュー方法の特徴を確認する問題である．

正解の説明

選択肢に記載されているレビュー方法のうち，ピアデスクチェックは成果物の作成者に熟練のレビューアを1名加えて実施するレビュー，チームレビューはチームにより実施されるレビュー，パスアラウンドは複数のレビューアへ成果物を配布や回覧する形態のレビューであり，いずれも問題記述に合致しない．インスペクション，ウォークスルー，ラウンドロビンレビューが問題記述に合致する．

したがって，選択肢エが正解である．

解説

レビュー方法とは，レビューの実施形態，実施内容，進め方など，外形的な実施方法のことである．これまで各種の方法が提唱されているが，公式度，実施形態，実施内容，進め方の厳密性などからそれらを特徴づけることができる．

例えば，公式度の面では，参加者の役割の明確化，形式的な文書にもとづく実施，正式な記録，結果の公式な分析評価を特徴とするインスペクションが最も公式度の高いレビュー方法である．一方，目前の問題の解決のために，近くの同僚に声をかけて知恵を借りるという程度の非公式なアドホックレビューという方法もある．進め方の面では，決められた進行役や読み上げ係が進めるインスペクション，作成者が処理を順に説明して参加者が質問する形で進められるウォークスルー，参加者が順に司会者とレビューアの役を持ち回りで進めるラウンドロビンレビューというようにいろいろな進行方法がある．

公式度や厳密性の高さによってレビューに必要な時間，工数，費用が変わるので，レビュー対象物の重要度やレビューを開催する目的に応じて適用するレビュー方法を選択することになる．

問題48　レビューの技法　正解と解説

正解

ウ

出題分野

SQuBOK樹形図の「3. ソフトウェア品質技術」の「3.7　レビューの技法」からの出題である．この問題は，フォールトにもとづいた技法の1つであるソフトウェアFMEAの概要を確認する問題である．

正解の説明

FMEAはFailure Mode and Effects Analysisの略で，故障モード・影響解析と訳されている．システムを構成する部品群の故障モードに着目してシステムへの影響解析を行うハードウェアの信頼性解析のための技法がFMEAである．

故障発生の確率および故障による影響の重大さの解析を加えたものはFMECA（故障モード・影響および致命度解析，またはフォールトモード・影響および致命度解析：Failure Mode, Effects and Criticality Analysis）と呼ばれている．

したがって，選択肢ウが正解である．

解説

レビューの技法は，技術的な観点からは，要求仕様やソースコードなどの成果物の構造や属性に着目してレビューを実施する「仕様やコードにもとづいた技法」と，システムダウンなどの故障に着目してレビューを実施する「フォールトにもとづいた技法」に分類できる．

ソフトウェアFMEA(故障モード・影響解析，またはフォールトモード・影響解析：Failure Mode and Effects Analysis)は，ハードウェアの信頼性解析技法であるFMEAをソフトウェアの信頼性解析に応用したものである．

FMEAでは，システム中のあるアイテムの故障の原因となる故障モードに着目し，その影響評価を行うことにより，システムの信頼性を定性的に解析する．ソフトウェアFMEAは，この故障モードに相当するソフトウェアの故障モードを定義して解析を行う「フォールトにもとづいた技法」である．

フォールトにもとづいた技法には，他に以下のものがある．

- FMECA(故障モード・影響および致命度解析，またはフィールとモード・影響および致命度解析：Failure Mode, Effects and Criticality Analysis)
  FMEAに故障発生の確率および故障による影響の重大さを付加した技法
- FTA(フォールトの木解析：Fault Tree Analysis)
  フォールトに至る要因を識別して構造化するための技法
- EMEA(エラーモード故障解析：Error Mode Effects Analysis)
  ヒューマンエラーに対してFMEAを適用した技法
- STPA(System-Theoretic Process Analysis)
  システムを構成する要素間の相互作用に着眼したアクシデントモデルであるSTAMP(Systems-Theoretic Accident Model and Process)をベースにしてハザードの要因を分析する技法

問題 49　レビューの技法　正解と解説

正解

イ

出題分野

SQuBOK 樹形図の「3.　ソフトウェア品質技術」の「3.7　レビューの技法」からの出題である．この問題は，リーディング技法の概要を確認する問題である．

正解の説明

ディフェクトベースドリーディング（Defect-Based Reading）は，障害を修正した箇所ではなく，障害が混入しやすい個所の情報を含むシナリオを用意し，そのシナリオに従って読み進める方法である．

したがって，選択肢イが不適切である．

解説

リーディング技法は，レビューアがどのようにレビュー対象を読むかを示すものである．読み方の属人性が低減され，視点が定まることで，短期間に多くの障害を摘出しやすくなるなどレビューの効果の向上が期待できる．レビューア個人に着眼した技法であることから，個人のレビュー技術として示されることもある．

リーディング技法には，以下のものがある．レビュー対象の特徴やレビューの目的に合わせて技法を選択するとよい．

- アドホックリーディング
  特定の手順に従わない読み方
- チェックリストベースドリーディング（CBR：Checklist-Based Reading）
  チェックリストを利用して読む技法
- シナリオベースドリーディング（SBR：Scenario-Based Reading）
  利用シナリオや品質シナリオなどにもとづいて読む技法
- ディフェクトベースドリーディング（DBR：Defect-Based Reading）
  障害が混入しやすい個所の情報を含むシナリオに従って読む技法

- パースペクティブベースドリーディング(PBR：Perspective-Based Reading)
  レビューアに特定の視点を割りあてて読む技法
- ユーセージベースドリーディング(UBR：Usage-Based Reading)
  ユースケースシナリオのような利用者の利用手順と照らし合わせながら読む技法

問題50　テストの技法　正解と解説

正解

ウ

出題分野

SQuBOK樹形図の「3. ソフトウェア品質技術」の「3.8　テストの技法」からの出題である．この問題は，仕様にもとづいたレビュー技法のうち，同値分割法の基本的な考え方を確認する問題である．

正解の説明

仕様から導かれる同値クラスとして，「0.00kg未満」(暗黙の異常)，「0.00kg以上1.00kg以下」，「1.01kg上2.50kg下」，「2.51kg以上5.00kg以下」，「5.01kg以上10.00kg未満」，「10.00kg以上」(異常)の6つの同値クラスがあるので，この中から代表値を選択している選択肢ウの記述が適切である．また，仕様から読み取れる桁数は，小数点以下第2位までであるため，整数および小数点以下第1位までしか表記のない値は不適切である．

解説

同値分割法とは，値とテスト対象の振る舞いに着目して，テスト対象が同じ振る舞いをする値の集合や範囲を同値クラスとしてまとめ，テストを設計する技法である．

同値分割法では，同値の概念を用いてテストケースを作成する．同値とは，仕様書より，テスト対象の振る舞いが同じになると考えられる入力データのグループをさす．同値分割されたグループは同値クラスと呼ばれる．同値クラスに対して，1個のテストデータを準備してテストを実施することで，同値クラスの中のすべてのデータをテストしたとみなす．同値には，正解を得ることのできる有効同値と不正解を得ることのできる無効同値がある．同値分割法ではすべての有効同値と無効同値に対して1個ずつテストを行う．

問題の仕様をグラフ化すると図3となる．このグラフからも4つの有効同値クラスと，0未満である無効同値クラスおよび10.00 kg以上である無効同値クラスがあることが読み取れる．

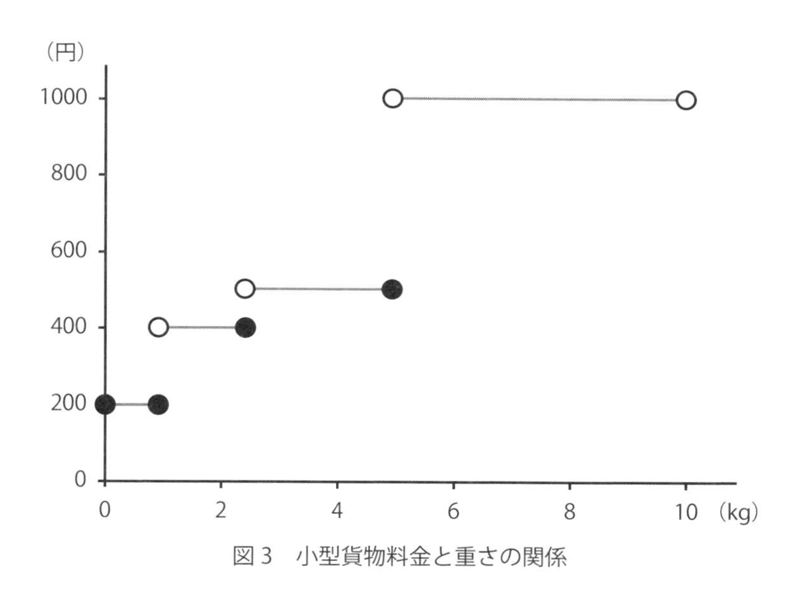

図3　小型貨物料金と重さの関係

問題51　テストの技法　正解と解説

正解

イ

出題分野

SQuBOK樹形図の「3. ソフトウェア品質技術」の「3.8　テストの技法」からの出題である．この問題は，仕様にもとづいたテスト技法の一種である状態遷移テストの基本的な考え方を確認する問題である．

正解の説明

選択肢ア，ウ，エは，状態遷移テストの記述として適切である．

選択肢イは，状態遷移テストでは状態の遷移の連続回数に着目した「Ｎスイッチカバレッジ」が網羅基準として用いられる．したがって，選択肢イの記述は不適切である．

解説

状態遷移テストとは，テスト対象の仕様を「状態」の観点で抽出整理した状態遷移図（あるいは状態遷移表）を作成し，状態の遷移に着目して動作検証する技法全般をさす．状態遷移図を使用したデータシーケンスやユーザーシナリオのテストも状態遷移テストに含まれる．また，もともとは仕様設計における設計検証技法である．状態遷移テストは，仕様にもとづくテスト技法の一種であり，プログラムの実装を考慮せずに仕様への適合性の観点からテストケースの設計や合否判定などを行う点が，コードにもとづくテスト技法とは異なる．

状態遷移テストを行う際は，テスト対象プログラムの機能を状態遷移図により整理し，得られた状態遷移図の状態遷移に従ってテストを実施する．テストの網羅基準としては，ある状態から別の状態への遷移，遷移した状態からまた別の状態への遷移というように状態の遷移の回数に着目した「Ｎスイッチカバレッジ」が用いられる．状態遷移テストにより，テスト対象プログラムの状態の遷移に関するテストの漏れを防止することが期待できる．

ただし，状態以外の事象（ファンクションや入出力など）は状態遷移図からは判断できないため，デシジョンテーブルの利用といった他のテスト技法と組み合わせる必要がある．

問題 52　テストの技法　正解と解説

正解

ウ

出題分野

SQuBOK 樹形図の「3. ソフトウェア品質技術」の「3.8　テストの技法」からの出題である．この問題は，利用にもとづいた技法に属する技法の概要を確認する問題である．

正解の説明

実際の運用時にどのようにソフトウェアが利用されるかを確率分布により表現した利用パターンは運用プロファイルと呼ばれている．運用プロファイルによるテストは，この分布にもとづいて運用時と同じ条件下でテスト対象を動作させた結果から実運用時のソフトウェアの信頼性を推定し評価する技法である．米国の Musa が提案した技法であり，運用プロファイルは「operational profile」の訳語である．利用プロファイルという名称は使われておらず，個々の使用者の使い勝手(使用性)を評価するための技法ではない．

ソフトウェアが利用される国や地域(local)の言語や文化に対応することをローカライズ(localize)と言い，それを確認するテストをローカライゼーションテストと呼ぶ．

したがって，選択肢ウが正解である．

解説

利用にもとづいた技法は，ソフトウェアの利用者，利用環境，利用方法の調査結果や推測した情報をもとにテストを設計する技法である．代表的な技法として，運用プロファイルによるテスト，ローカライゼーションテスト，ユーザー環境シミュレーションテスト，整合性確認テストがある．

運用プロファイルによるテストでは，実運用時の条件を確率分布で表した運用プロファイルにもとづいてテストを行う．ローカライゼーションテストでは，文字コード，翻訳した文字列の長さや表現，各国語の文法や表現形式，法規制，標準などに着目してテストを行う．ユーザー環境シミュレーションテストでは，顧客システム環境に近いシステムを構築して顧客納入前の最終的なテストを行う．整合性確認テストでは，出荷前の最終段階で運用を想定したシステムを構成し，複数の独立したソフトウェアや，必要に応じてハードウェアやドライバーも組み合わせて動作を確認する．

いずれの技法も実際の利用者の利用方法や利用環境に出来るだけ近くなるようにテストの内容や環境を設定し，実運用に即した評価を行うことを目的としている．

問題 53　品質分析および評価の技法　正解と解説

正解

エ

出題分野

SQuBOK 樹形図の「3．ソフトウェア品質技術」の「3.9　品質分析および評価の技法」からの出題である．この問題は，信頼性予測に関する技法のうち，ソフトウェア信頼性モデルに関する基本的な考え方を確認する問題である．

正解の説明

選択肢アに関して，ソフトウェア信頼度成長モデルの横軸には，時間経過を表す指標が使われる．時間はカレンダー時間だけでなく，テスト項目消化数で評価する場合もある．したがって，選択肢アの記述は正しい．

選択肢イに関して，通常は複数のモデルを選択しておき，データの解析やモデルの適合度の検定を実施した段階で採用するモデルを決定するアプローチがとられる．したがって，選択肢イの記述は正しい．

選択肢ウに関して，モデルのパラメータを推定する際，テスト進捗率が 20% という早期の段階では推定値は安定しないためモデルの推定と実績が大きく乖離することはあり得るが，適切な数理モデルを採用するために，テスト方法を見直すことも検討する必要がある．したがって，選択肢ウの記述は正しい．

選択肢エに関して，各数理モデルには残存障害を推定するうえでの仮定があるため，モデルの推定値を絶対視し，判断を下すことは正しくない．したがって，選択肢エの記述が不適切である．

解説

ソフトウェア信頼性モデルは，ソフトウェアの信頼性を定量的に評価するための数理モデルである．ソフトウェア信頼性モデルは，ソフトウェアを実行して，その履歴から信頼性を計測し評価するモデルである動的モデル（ソフトウェア信頼度成長モデル）と開発プロセスの特性要因やソフトウェアの特徴と信頼性との関係を過去の実績などから経験的に関係づけたモデルである静的モデルに大別できる．

ソフトウェア信頼度成長モデルでは，発見された障害が修正および除去され，テストや運用時間の経過とともに信頼度が変化する過程を記述する．ソフトウェア信頼度成長モデルは，計測時間の単位の違いにより，連続時間モデルと離散時間モデルに区分される．また，故障発生時間モデルとフォールト発見数モデルにも大別できる．故障発生時間モデルでは，ソフトウェア故障の発生率に対する仮定をもとに数理モデルを構築し，平均故障間隔などを予測する．フォールト発見数モデルでは，テスト時間と発見した障害数の関係に着目して構築した数理モデルから総障害数や潜在障害数を予測する．

問題 54　品質分析および評価の技法　正解と解説

正解

エ

出題分野

SQuBOK 樹形図の「3．ソフトウェア品質技術」の「3.9　品質分析および評価の技法」からの出題である．この問題は，データ解析と表現に関する技法の基本的な考え方および具体的な方法を確認する問題である．

正解の説明

選択肢アの特性要因図は，因果関係を整理しやすいように，魚の骨のように表示した図である．特性要因図は，問題の原因を追究するために用いられる．したがって，選択肢アは誤りである．

選択肢イのヒストグラムはデータの度数分布を表示した柱状図である．ヒストグラムは，データのばらつきを把握したり，分布の特徴を見たり，規格値とデータの関係を見たりするために用いられる．したがって，選択肢イは誤りである．

選択肢ウの散布図は，2つの変数を横軸と縦軸にしてデータをプロットした図である．散布図は，2変数間の相関関係を見るために用いられる．したがって，選択肢ウは誤りである．

選択肢エのパレート図は，棒グラフと累積折れ線グラフを組み合わせた図である．パレート図は重点項目の絞り込みや，項目ごとの重要度を把握するために用いられる．したがって，選択肢エが適切である．

解説

QC七つ道具を活用することによって，視覚的にデータを見ることができ，問題点をわかりやすくできる．このためQC七つ道具を障害対策や品質改善に役立てることができる．しかし，データ解析と表現に関する技法は多種多様であるので，得られたデータに対して，解析や表現の目的にあった適切な技法を利用することが重要である．

問題が多発していて，どこから手をつけてよいかわからない場合は，問題の多さに目を奪われがちであるが，問題の背後にある要因に着目するとよい．さまざまな観点で要因と思われる項目を取り上げて，要因を整理する．収集したデータを要因ごとに分類してその項目ごとに棒グラフと累積折れ線グラフを組み合わせてパレート図にすると，最初に対策すべき問題とその要因項目が，パレート図の横軸の左側から順に並ぶ．

データを収集し整理するときに留意すべきことは，着目する要因項目に対する先入観を排して，事実や実態にもとづいてデータを収集することである．整理においては層別の考え方を活用する．

問題 55　品質分析および評価の技法　正解と解説

正解

エ

出題分野

SQuBOK 樹形図の「3. ソフトウェア品質技術」の「3.9　品質分析および評価の技法」からの出題である．この問題は，障害分析に関する技法の基本的な考え方を確認する問題である．

正解の説明

ODC となぜなぜ分析は障害分析の技法であるが，SRGM はソフトウェア信頼度成長モデル(Software Reliability Growth Model)，Fault-Prone 分析はフォールトを含んでいる可能性の高いモジュールを特定する技法のことであり障害分析の技法ではない．また，障害分析の目的には，現在の製品への水平展開と，将来の製品での再発防止のための予防がある．

したがって，選択肢エが正解である．

解説

障害分析に関する技法とは，テストなどで検出された障害から，プロセスやプロジェクトの根本的な問題を見出すための技法である．

障害分析の技法には，次の 2 種類がある．

- 特定の障害に焦点をあてる技法
  検出した個々の障害について，その混入原因を分析する．なぜなぜ分析などを用いて根本的な原因を追究し，その対策を行うことで同様の障害の混入を防止する．
- 多数の障害を分類集計して分析する技法
  検出した障害をその属性で分類集計して分析することにより，プロジェクト，プログラム，開発プロセス，開発組織，開発者などの問題点を見出す．例えば，ODC(直交欠陥分類：Orthogonal Defect Classification)では，ODC 属性と呼ばれる障害分類で集計し，定量化した障害分類データから改善策を導き出す方法がとられる．

また，障害分析の目的には，次の２つの観点がある．

- 水平展開：現在の製品やプロジェクトへのフィードバック
  分析結果にもとづいて，進行中のプロジェクトの状況を確認し，レビューやテストを追加して同じ製品や類似の製品に潜在する同種の障害を検出する．
- 予防：将来の製品やプロジェクトでの再発防止
  分析結果にもとづいて，組織における開発プロセスや技術，教育内容などを改善して，将来のプロジェクトでの同種の問題の再発を防止する．

問題 56　品質分析および評価の技法　正解と解説

正解

エ

出題分野

SQuBOK 樹形図の「3. ソフトウェア品質技術」の「3.9　品質分析および評価の技法」からの出題である．この問題は，データ解析と表現に関する技法に属する新 QC 七つ道具を確認する問題である．

正解の説明

選択肢ア，イ，ウは，QC 七つ道具に含まれる道具である．したがって，これらの選択肢の記述は誤りである．

選択肢エは，新 QC 七つ道具に含まれる道具である．したがって，選択肢エの記述は正しい．

解説

データ解析と表現に関するさまざまな技法は，論理的思考や数値的分析を必要とする作業や問題解決に非常に有効な手段である．データ解析と表現に関する技法は多種多様であるので，得られたデータに対して，解析や表現の目的にあった適切な技法を利用することが重要である．

QC 七つ道具は，品質管理において，主に数値データを整理および解析し，現象を定量的に分析するために用いられる基本的で重要な7つの技法の総称である．

QC七つ道具は次の7つである．1)特性要因図，2)パレート図，3)チェックリスト，4)ヒストグラム，5)散布図，6)管理図・グラフ，7)層別．

なお，層別は手法ではなくデータを扱う時の共通の考え方であるとして，QC七つ道具から除く場合もある．層別を除く場合は，グラフと管理図をそれぞれ1つの手法として7つとする．

新QC七つ道具は，主に言語データを品質管理に活かす技法としてまとめられた7つの技法の総称である．従来から，QC七つ道具が品質管理に有効な道具として用いられてきたが，検査製造部門中心のQC活動が，営業部門，企画設計部門，事務部門などを含む全社的なTQC活動へと展開されたのに伴い，新たにまとめられた七つ道具が新QC七つ道具である．

新QC七つ道具は次の7つである．1)親和図法，2)連関図法，3)系統図法，4)マトリクス図法，5)アロー・ダイアグラム法，6) PDPC法，7) マトリクス・データ解析法．

ソフトウェアの品質管理のさまざまな場面で，互いに補うQC七つ道具および新QC七つ道具を併用することで，品質管理の効果を高めることができる．

問題57　運用および保守の技法　正解と解説

正解

エ

出題分野

SQuBOK樹形図の「3. ソフトウェア品質技術」の「3.10　運用および保守の技法」からの出題である．この問題は，ソフトウェア若化(じゃっか)に関する基本的な考え方を確認する問題である．

正解の説明

選択肢アは，ソフトウェア若化の概要を説明しているので，選択肢アは正しい．

選択肢イに関して，ソフトウェア若化の実行手段として，システムを予防的に一旦停止し再開することにより，システムの内部状態を浄化する手法が一般的に用いられるので，選択肢イは正しい．

選択肢ウに関して，システムの経年劣化の原因には，メモリーリーク，ロックの解放漏れなどがあるので，選択肢ウは正しい．

選択肢エに関して，フォールトトレラント手法が障害発生時に動作し続けるように設計する技術であるのに対して，ソフトウェア若化は障害発生を未然防止する技術である．障害発生前後の記述が逆に説明されており，選択肢エは不適切である．

解説

ソフトウェア若化（じゃっか）(software rejuvenation)は，ソフトウェアの経年劣化(software aging)により，稼働中のシステムが性能低下したり，異常停止やハングアップしたりするといった障害を未然防止するための技法である．システムを予防的に一旦停止し再開することにより，システムの内部状態を浄化する手法が一般的に用いられる．

システムの経年劣化の原因には，メモリーリーク，ロックの解放漏れなどがある．フォールトトレラント手法が障害発生後のリアクティブな技術であるのに対して，ソフトウェア若化は障害発生を未然防止するプロアクティブな技術である．連続稼働中のシステムを定期的に停止し再開する際には，頻度や時間帯の観点から最適な停止および再開スケジュールとなるように配慮することが大切である．また，ソフトウェア若化を実施するか否かは，経年劣化による障害の顕在化頻度と影響から予測されるコストとソフトウェア若化のためのシステム停止および再開のコストとの比較にもとづいて判断する必要がある．

問題 58　運用および保守の技法　正解と解説

正解

ウ

出題分野

SQuBOK 樹形図の「3. ソフトウェア品質技術」の「3.10　運用および保守の技法」からの出題である．この問題は，プログラム理解に関する基本的な考え方を確認する問題である．

正解の説明

選択肢アは，プログラム理解の概要を説明しているので，選択肢アは正しい．

選択肢イに関して，プログラム理解の目的はソフトウェア保守時に設計変更に対する保守の効率を向上することである．プログラムの読解に長い時間を費やすような場面で，コードブラウザなどのツールを利用するとプログラマの理解を支援できるので，保守性の向上にきわめて有効な手段となる．したがって，選択肢イは正しい．

選択肢ウの記述では，プログラム理解はソフトウェア構造を当初から作り込んで設計および開発するための技法の総称と説明されている．プログラム理解は保守プロセスに有効な手法である．したがって，選択肢ウは不適切である．

選択肢エに関して，プログラマの理解を支援する手段の例として，1）UML のダイアグラムを使った可視化ツールによるプログラムの理解支援や 2)プログラムの依存関係を解析するツールによるプログラムの理解支援などがある．したがって，選択肢エは正しい．

解説

システムは長い年月にわたって利用されることが一般的であり，システムの有効性が維持できるかどうかは，適切な運用と保守が行われるかどうかに大きく依存している．運用段階での障害の未然防止，老朽化したソフトウェア資産の更改や流用などを効果的に行うためには，ソフトウェアの開発に必要な技術や技法に加えて，既存のシステムを正しく解析し，効率的かつ効果的に再利用できるようにする技術や技法が必要である．このような技術や技法には，プログラム理解のほかに，リエンジニアリング，リバースエンジニアリングなどがある．それぞれの技術や技法の概要は以下のとおりである．

リエンジニアリングは，システムの機能の変更は考えずに，新しい形に再構築するための調査や改造などの実現プロセスの総称である．

リバースエンジニアリングは，システムの構成，仕様，目的などを明らかにするために，対象のシステムを分解し分析するプロセスのことである．ソフトウェアの分野では，逆アセンブルや逆コンパイルを行って高水準プログラミング言語のソースコードに戻すことや，モジュール間の関係を解明することなどが含まれる．

問題 59　ユーザビリティ　正解と解説

正解

イ

出題分野

SQuBOK 樹形図の「4. 専門的なソフトウェア品質の概念と技術」の「4.1 ユーザビリティ」からの出題である．この問題は，ユーザビリティテストの具体的な方法を確認する問題である．

正解の説明

ユーザーのタスクとそのゴールの達成に着目し，製作したプロトタイプなどにより適切にタスクを達成できるかを評価する技法はユーザビリティテストと呼ばれる．ユーザビリティテストでは，製品やサービスを実際にユーザーに使ってもらい，その際の行動や発話から，ユーザビリティの問題点を発見する．したがって，選択肢アは不適切である．

ユーザビリティテストでは，そのシナリオの準備ができたら，シナリオに沿ったウォークスルーとパイロットテストによりテスト実施に問題がないことを確認する．したがって，選択肢イは適切である．

インスペクション法はユーザーに使ってもらわずに評価する方法である．一方，ユーザビリティテストでは，ユーザー視点で客観的に評価するため，製品の設計者やユーザビリティ評価の専門家が発見できなかった問題点を見つけ出せることがある．したがって，選択肢ウは不適切である．

文化人類学や社会学において使用される調査手法であるエスノグラフィを，ビジネスに用いることにより，製品やサービスを利用するに至る理由や利用後の影響，行動変化などを分析し，ユーザー要求定義に必要な要件を探りだしていく技法は，ビジネスエスノグラフィと呼ばれる．ビジネスエスノグラフィは，実践のエスノグラフィ，現場のエスノグラフィとも称され，マーケティングなどの現場で活用されている．したがって，選択肢エは不適切である．

解説

ユーザビリティの技法とは，システム開発における企画，ユーザー要求定義，基本仕様定義，設計，実装，および妥当性評価など，各プロセスで利用時の品質を高めるための技法である．

すでに開発プロセスに定着しつつある技法がユーザビリティテストである．その他の評価技法には，ユーザーに使ってもらわずに評価するインスペクション法がある．インスペクション法には，ユーザビリティに関する知見を集めたガイドラインにもとづいて評価するヒューリスティック法，ユーザビリティ専門家が経験による直感的洞察にもとづいて問題を発見するエキスパートレビュー，人間の認知特性を熟知した評価者数人がユーザーの認知プロセスに沿って評価する認知的ウォークスルーがある．

ユーザビリティテストは，計画，準備，実行，結果分析と報告の 4 ステップに沿って実施する．計画ステップでは，テストで何を知りたいか，得られた結果をどのように評価したいかを決める．準備ステップでは，計画ステップで定めたユーザープロフィールにもとづいた質問紙を作成し，テスト参加者に実行させたい典型的なタスクをシナリオとして記述する．実行ステップでは，モデレーターがタスクを提示してテスト参加者に順次実行してもらい，タスクが実施できるかどうか，タスクを実施する際に迷ったりしないかを観察して記録する．結果分析と報告ステップでは，問題の範囲と重大さを特定するとともに，各問題に対して1つもしくは複数の解決策を提案する．そして，テスト結果と分析内容と解決策を報告書としてまとめる．

問題60　ユーザビリティ　正解と解説

正解

エ

出題分野

SQuBOK樹形図の「4．専門的なソフトウェア品質の概念と技術」の「4.1 ユーザビリティ」からの出題である．この問題は，ユーザビリティテストのうち，ユーザーに使ってもらわずに評価するインスペクション法の基本事項を確認する問題である．

正解の説明

ユーザビリティテストでは，製品やサービスを実際にユーザーに使ってもらい，その際の行動や発話から，ユーザビリティの問題点を発見することが一般的であるが，ユーザーに使ってもらわずに評価するインスペクション法もある．インスペクション法には，ユーザビリティに関する知見を集めたガイドライン(チェックリスト)にもとづいて評価するヒューリスティック法，ユーザビリティ専門家が経験による直感的洞察にもとづいて問題を発見するエキスパートレビュー，人間の認知特性を熟知した評価者数人がユーザーの認知プロセスに沿って評価する認知的ウォークスルーなどがある．したがって，選択肢ア，イ，ウは適切である．

また，思考発話法はテスト参加者(ユーザー役のテスト協力者)に実際に話しながら操作してもらい，感じたことを口に出して話してもらうことにもとづくテスト技法である．思考発話法は，実際にタスクに取り組んでもらうため，インスペクション法には属さない．したがって，選択肢エは不適切である．

解説

ユーザビリティテストとは，ユーザーのタスクとそのゴールの達成に着目し，製作したプロトタイプなどにより適切にタスクを達成できるかを評価する技法である．ユーザビリティテストでは，計画，準備，実行，結果分析と報告の順に実施する．

(1)　計画

テストの目的として，テストで知りたいことと，得られた結果をどのように評価するかを決める．次に，ユーザーの目的に着目してテストで実施するタスクを設定するとともに，テストの際の確認事項や測定項目を設定する．

(2)　準備

テスト参加者に実行させたい典型的なタスクをシナリオとして記述する．また，各タスク実施直後およびテストの最後に確認する質問紙を作成する．

(3)　実行

モデレーターがタスクを提示してテスト参加者に順次実行してもらい，タスクが実施できるかどうか，タスクを実施する際に迷ったりしないかを観察し記録する．テスト参加者に話しながら操作してもらう思考発話法が有効である．

(4)　結果分析と報告

テスト結果の分析では，検出された問題の原因を識別するために，問題に操作や概念または用語など特定のカテゴリタイプをあてはめ，問題の範囲と重大さを特定するとともに，各問題に対して1つもしくは複数の解決策を提案する．テスト結果，分析内容および解決策は報告書としてまとめる．

問題61　セーフティ　正解と解説

正解

ウ

出題分野

SQuBOK樹形図の「4．専門的なソフトウェア品質の概念と技術」の「4.2 セーフティ」からの出題である．この問題は，セーフティ実現のためのリスク低減の設計技法を確認する問題である．

正解の説明

セーフティ実現のためのリスク低減技法とは，セーフティを実現するためにリスクの発生確率や影響度合いを低減するさまざまな技法である．代表的な技法には，「リスク低減の設計技法」，「ソフトウェアコンポーネントの分離」，「ネットワークを使用するセーフティ・クリティカルシステムのリスクマネジメント」などがある．

リスク低減の設計技法には，フェイルセーフ，エラープルーフ（フールプルーフ），フォールト・トレランス，フォールト・アボイダンスがある．フェイルセーフ，エラープルーフおよびフォールト・トレランスは主にシステムの構造で安全を確保する方法であり，フォールト・アボイダンスは主に部品やコンポーネントの信頼性を上げることにより安全を確保する技法である．

したがって，選択肢ウが適切となる．

解説

フェイルセーフとは，想定した危険事象が発生した場合やソフトウェアの障害を含む故障が発生した場合に，危害の影響が最小になるように機器やシステムの構造や制御を行うことである．例えば，鉄道信号において故障や停電になった場合は赤信号（停止信号）にすることがこれに相当する．

エラープルーフとは，間違った操作方法をしようとしても危険事象が発生しないように設計することである．例えば，コンセントとプラグの形状を工夫し，プラスとマイナスを逆にしてはコンセントに挿入できないデザインにすることがこれに相当する．

フォールト・トレランスとは，システムの一部が故障しても被害を最小限に抑え，最低限の機能でもシステムが動作し続けられる設計である．例えば，複数のエンジンを搭載した飛行機のいずれかのエンジンが故障しても残りのエンジンで飛び続けられるようにすることがこれに相当する．

フェイルセーフ，エラープルーフおよびフォールト・トレランスは主にシステムの構造で安全を確保する技法である.

また, フォールト・アボイダンスとは, フォールトを避けることを意味し, 高信頼性部品を使用したり, 故障の生じにくい設計や構造を採用したりすることにより, 危険事象の発生を回避しようとする考え方のことである. ソフトウェアにおいては, 網羅性の高いテストの実施などの信頼性を高める施策を施したソフトウェアコンポーネントが高信頼性部品に相当する. この考え方は, 主にシステムの構造よりも構成部品やコンポーネントの信頼性を上げることに着目して安全を確保する技法である.

問題 62　セーフティ　正解と解説

正解

ア

出題分野

SQuBOK 樹形図の「4. 専門的なソフトウェア品質の概念と技術」の「4.2 セーフティ」からの出題である. この問題は, 安全性が重視されるシステムにおける安全性を考慮したライフサイクルモデルの基本的な考え方を確認する問題である.

正解の説明

選択肢アに関して, セーフティ・クリティカル・ライフサイクルモデルを構成する安全性解析ではリスクの評価や安全機能要求, 安全度要求の策定を行う. 実機による安全性の確認は本来, その後の開発を経たうえでの安全妥当性確認における作業である. したがって, 選択肢アの記述は不適切である.

選択肢イ, ウ, エは, セーフティ・クリティカル・ライフサイクルモデルの記述として適切である.

解説

セーフティ・クリティカルシステムにおいては, 製品の構想から開発, 保守および改修, 廃棄までのライフサイクルすべてにおいて安全性を考慮しなくてはならない．セーフティ・クリティカル・ライフサイクルモデルは，そのようなセーフティ・クリティカルシステムのための安全性を考慮したライフサイクルを抽象化して表現したものである．

機能安全規格である IEC 61508-1:2010 においてライフサイクルが定められており，その内容は主に 1）安全性解析，2）開発，3）安全妥当性確認の活動から構成される．

安全性解析では，ハザードを分類および特定し，リスクの評価を行うことで，安全度要求を策定する．また，リスクを許容範囲内に収めるために必要な安全機能を，安全機能要求として定めていく．

開発では，安全機能要求および安全度要求に従い，システム全体の安全性を確保できるようにソフトウェア要求分析や設計，実装を行う．

安全妥当性確認では，安全度要求に応じた安全機能要求が高い信頼性で作り込まれ，想定したハザードが発生しても危険事象に至らないことを，実機を用いて実装結果を検証する．

これらの活動に加えて，事故や重大な不具合を教訓として，安全性解析や開発，安全妥当性確認などにおける問題点を技術とマネジメントの両面から分析し改善することが必要である．

問題 63　セーフティ　正解と解説

正解

ア

出題分野

SQuBOK 樹形図の「4. 専門的なソフトウェア品質の概念と技術」の「4.2 セーフティ」からの出題である．この問題は，セーフティ（安全性）という用語とその概念を確認する問題である．

正解の説明

SIL はセーフティに関するリスクの許容範囲の小ささを表す尺度であり，SIL が高いほど，ハザードの発生頻度は低く，危害は小さくなっている必要がある．評価したリスクが設定したSILにおける許容範囲を超える場合，危害の発生頻度を低減させる本質安全の方策を採るか，危害の大きさを小さくする機能安全の方策を採る必要がある．

したがって，選択肢アが適切である．

解説

セーフティの概念を理解するためには，危害(harm)とハザード(hazard)の概念を理解する必要がある．危害とは，システムによって人間の生命が損なわれたり，身体に害が及ぼされたり，社会に広範な悪影響が与えられることをさす．また，ハザード(hazard)とは，危害を発生させる原因のことで，潜在しているだけでは危害には至らないが，ミスや故障などによって顕在化した場合に危害となって現れる．

セーフティとは，ハザードの発生を抑制する性質，システムにハザードが起こっても危害にならない性質，システムにハザードが起こっても危害を回避できる性質である．また，セーフティの品質の概念には，本質安全(intrinsic safety)と機能安全(functional safety)がある．本質安全とはハザードを取り除く性質であり，機能安全とはハザードにより危害に至らない性質や危害を回避する性質である．セキュリティの確保には，本質安全と機能安全の両方が必要であり，どちらかだけでは安全確保の達成は難しい．

基本的には，システムのリスクはハザードの発生頻度と危害の大きさから評価することができる．ハザードの発生頻度が高いほど，また危害が大きいほど，リスクは大きくなる．

一方，リスクの許容範囲はシステムが利用される目的や状況，システムの構造などから評価することができる．セキュリティに関するリスクの許容範囲の尺度に安全度水準(SIL：Safety Integrity Level)がある．SILが高いほど，ハザードの発生頻度は低く，危害は小さくなっている必要がある．ソフトウェアの場合，危害は劣化のように確率論的に発生する事象ではなく，障害という決定論的に発生する事象となる．そのため故障率といった物理的特性ではなく，アーキテクチャの質や開発プロセスの質によって評価する．

問題64　セキュリティ　正解と解説

正解

イ

出題分野

SQuBOK 樹形図の「4. 専門的なソフトウェア品質の概念と技術」の「4.3 セキュリティ」からの出題である．この問題は，セキュリティの技法のうち，セキュリティ要求分析の技法を確認する問題である．

正解の説明

セキュリティ要求分析の目的は，考慮漏れや不要な項目のない妥当なセキュリティ要求を規定することである．分析の目的に応じて，次のような技法を用いてセキュリティ要求を分析する．

(1)　攻撃や脅威が顕在化する状況の分析の技法

木構造のゴールツリーを使って分析するアタックツリー分析やFTAを用いることができる．したがって，選択肢アは適切である．また，FTAを応用して，脅威と対策を関連付けながら，脅威分析と対策決定をサポートする分析技法に，KAOSがある．R-mapは製品そのものに設計段階から本質安全対策を適用するための手法であり，UMLは統一モデリング言語であるので，選択肢イの記述は不適切である．

(2)　考慮すべき脅威の洗い出し

ユースケースを拡張したミスユースケース法やセキュリティユースケース法が使われる．したがって，選択肢ウは適切である．

(3)　考慮すべき妥当な脅威の分析

考慮すべき妥当な脅威を分析するために，ゴール指向要求技法をセキュリティに応用した技法が提案されている．したがって，選択肢エは適切である．

解説

攻撃に強いセキュアなソフトウェアを構築するためには，その要求や設計の段階から，セキュリティに対する適切な要求を定め，一貫性を持った開発が必要になる．セキュリティに関する要求を規定するセキュリティ要求分析では，保護すべき資産と，それに対する機密性，完全性，可用性などの特性がセキュリティの目標として含まれ，その目標を達成する範囲として，想定する脅威とそれへの対応の方針がセキュリティの要求として明記されなければならない．

セキュアなソフトウェアを構築するためには，ソフトウェア開発の各段階でひととおりのセキュリティを考慮するだけでは不十分な場合が多い．ソフトウェア開発の途中段階で，適宜上流工程のセキュリティの仕様を見直す必要がある．

さらに，セキュリティの要求は，利用状況や社会における脅威の顕在化により変化するため，ソフトウェア開発および運用中にも，対応すべき新しい脅威が発見される可能性があり，セキュアなソフトウェアを運用し続けるためには，その開発と運用を含めたソフトウェアライフサイクル全般を通したセキュリティへの考慮が必要である．

問題 65　セキュリティ　正解と解説

正解

イ

出題分野

SQuBOK 樹形図の「4. 専門的なソフトウェア品質の概念と技術」の「4.3 セキュリティ」からの出題である．この問題は，セキュリティの品質の概念の基本事項を確認する問題である．

正解の説明

セキュリティが主にシステム提供者側の情報を守ることに主眼を置いているのに対して，プライバシーはシステム利用側の権利を守ることに主眼を置いている．プライバシーは，個人に関する情報を各自が制御できる権利であり，プライバシーを守るために暗号化や認証などセキュリティの機能を用いられる．プライバシーはセキュリティと混同されて使われることがあるので，それぞれの考え方が生まれた背景やソフトウェアとして考慮するべき範囲や観点が異なることを理解することが大切である.

したがって，選択肢イが適切である.

解説

セキュリティとは，攻撃により情報が漏えいするなど被害が起きないようシステムを守ることであり，特定の情報など守るべき資産の価値が損なわれる脅威を回避，もしくは軽減することである．資産の価値を損なわないためにシステムが持つべき特性として，機密性，完全性，可用性などが定義されており，この特性を保つことがセキュアなソフトウェアを開発，運用する際に必要となる.

セキュリティとセーフティとの違いは，主として攻撃者を想定しているのか，故障の発生に着目するのかという点にある．例えば，セーフティを問題にする場合には，システムに内在する要因や偶発的な要因がもととなる故障の発生に着目するのに対して，セキュリティを問題にする場合は，脆弱性(セキュリティ上の問題を引き起こす可能性のあるソフトウェアやシステムの障害，仕様上の問題点)をついた攻撃を仕掛けてくる攻撃者の存在に着目する.

また，セキュリティとプライバシーの違いは，システムの提供側の情報を守るのか，利用者側の権利を守るかという点にある．プライバシーは，個人に関する情報を各自が制御できる権利であり，プライバシーを守るために暗号化や認証などのセキュリティの機能を用いることになる.

問題 66　プライバシー　正解と解説

正解

エ

出題分野

SQuBOK 樹形図の「4. 専門的なソフトウェア品質の概念と技術」の「4.4 プライバシー」からの出題である．この問題は，プライバシーの品質の概念の基礎となる個人情報保護法に関する問題である.

正解の説明

個人情報保護法では，個人情報は，氏名，生年月日その他の記述などによって特定の個人を識別することができるものであり，他の情報と容易に照合することができ，それにより特定の個人を識別することができることとなるものを含むとされている．また，履歴情報は，ある程度の時間分を蓄積すると個人を識別できる可能性が出てくるため，個人情報に該当する場合がある．

したがって，選択肢エが適切である．

解説

プライバシーとは，個人に関する情報について，他から侵害を受けない権利，各自が制御できる権利である．個人に関する情報を単にセキュリティ上の資産と捉えて脅威から守るだけでは不十分な場合があり，プライバシーへの配慮が必要となる．

プライバシーや個人に関する情報の扱いについて，OECD で勧告されたプライバシーに関するガイドラインがある．日本では，OECD のガイドラインをもとに 2003 年に個人情報保護法が制定され，その後 2015 年に大きく改正されている．個人情報保護法は，正確にはプライバシーの権利を守るための法律ではないが，個人情報の多くは個人のプライバシーの権利にかかわるため，個人情報保護法を遵守することが結果的にプライバシーの権利に配慮することになる．また，たとえ法制度上は個人情報に該当しない情報であっても，個人のプライバシーにかかわる情報もある．欧州では EU 域内の各国に適用される個人データ保護を規定する法として，GDPR（General Data Protection Regulation：一般データ保護規則）が 2018 年 5 月から施行されている．GDPR の特徴は，規則に違反したときに多額の制裁金が課されることである．EU 居住者の個人データを取り扱う場合には，EU で活動する企業でなくても GDPR の対象となる．企業規模にかかわらず多くの日本企業や組織に GDPR が適用される可能性があることを留意する必要がある．

なお，個人情報保護に関するマネジメントシステムの要求事項を定めた JIS Q 15001 があり，日本情報経済社会推進協会（JIPDEC）では，JIS Q 15001 への適合性を認定し，事業者に対してプライバシーマークを付与する制度を運営している．この制度は，個人情報について適切な保護措置を講ずる体制を整備している事業者などを評価し，その旨を示すプライバシーマークを付与し，事業活動に関してプライバシーマークの使用を認める制度である．

問題 67　プライバシー　正解と解説

正解

イ

出題分野

SQuBOK 樹形図の「4．専門的なソフトウェア品質の概念と技術」の「4.4 プライバシー」からの出題である．この問題は，プライバシーの技法のうち，プライバシー保護技術に関する問題である．

正解の説明

氏名のような単体で個人を識別できるような識別情報を，仮の識別情報に加工する処理は仮名化と呼ばれている．仮名化により個人識別を困難にできる．しかし，仮名化しただけでは，生年月日と郵便番号などの複数の属性値から個人が識別できる可能性がある．それに対して，個人識別ができない程度までさまざまな値を加工する処理が匿名化である．

また，プライバシー保護分析のアウトプットとなる統計データなどからのプライバシー侵害を防ぐ技術は差分プライバシーと呼ばれている．さらに，プライバシー保護分析処理中にデータが漏えいすることを防いで，プライバシーを保護する技術は秘密計算と呼ばれている．

したがって，選択肢イが正解となる．

解説

個人のプライバシーを保護するためには，設計の初期段階で事前にプライバシーを考慮しておくというプライバシー・バイ・デザインの考えを適用することが重要である．個人情報が漏えいした場合の救済は困難であるため，漏えいが起きないための設計が重要となる．プライバシー・バイ・デザインの考えを実現するための技法には，プライバシー影響評価がある．

また，プライバシー保護技術（PET）の代表的な技術に匿名化があるが，暗号化のようなセキュリティ技術も，個人に関する情報の漏えいを防ぐことができるため，広義でPETといえる．

PETの代表的な技術を分析の実施タイミングの観点で分類すると以下となる．

(1)　分析処理の前：インプットデータのプライバシー保護

分析のインプットとなるデータを加工してプライバシーを保護する技術として，仮名化や匿名化がある．仮名化されたデータは，その他の追加情報によって個人の特定が可能なデータであり，顧客の住所，氏名，電話番号などをいったん別の文字列に変換することで仮名化されたデータとなり，顧客IDなどと照合することで元の個人データに変換し直すことが可能である．また，匿名化されたデータは，個人データの識別や特定が不可能なデータであり，あらゆる手段を用いても元のデータに復元することができないデータである．

(2)　分析処理中のデータのプライバシー保護

分析処理中にデータが漏えいすることを防いで，プライバシーを保護する技術であり，秘密計算などがある．秘密計算はデータを秘匿したまま処理できる技術であり，データ漏えいのリスクを格段に低下させることができる．

(3)　分析処理の後：アウトプットデータのプライバシー保護

分析のアウトプットとなる統計データなどからのプライバシー侵害を防ぐ代表的な技術として差分プライバシーがある．この技術は，小さなノイズを加えることにより，統計データの差分からのプライバシー侵害を防ぐ技術である．全体として見た場合に小さいが，個別の情報を引き出そうとすると大きくなるノイズを情報に加えることでプライバシー侵害を防ぐ技術である．別な見方をすると，個別単位では個人を特定できない程度のノイズを加えて集められた大量のデータから有用な情報を得ることができる技術ともいえる．例えば，あるデータベースとそのデータベースとはある一人の情報だけが異なる別のデータベースを考えたとき，これらのデータベースへのクエリーによっては個人が特定できてしまうことがある．このようなことを防止する技術である．

問題 68　人工知能システムにおける品質　正解と解説

正解

ウ

出題分野

SQuBOK 樹形図の「5. ソフトウェア品質の応用領域」の「5.1　人工知能システムにおける品質」からの出題である．この問題は，人工知能システムの品質技術に関する問題である．

正解の説明

テストの入力とその期待値を直接定義することが困難な状況において，実行結果からテストの成否を判断する代替のオラクル(入力に対する出力の正解の求め方や出処，根拠)は疑似オラクルと呼ばれている．

入力に対してある一定の変化を与えると，出力の変化が理論上予想できるというメタモルフィック関係を用いることにより，正否判断が可能なテストを得るテスト手法をメタモルフィックテスティングと呼ぶ．

入力の変化に対してモデルが安定して性能を達成するという頑健性を評価するために行う検査は，頑健性検査と呼ばれている．

ニューラルネットワークにより実装されたモデルにおいて，テストケース群によりどれだけ多様な内部挙動が実行されたかを表す指標はニューロンカバレッジと呼ばれている．

したがって，選択肢ウが不適切となる．

解説

テストにおけるさまざまな入力に対し，システムの正解や期待値を直接に定義することができない場合，あるいは高コストである場合において，多数あるいは多様な入力に対するテストを実現するために，オラクルが使われる．テスト対象のシステムと同じ，あるいはそれに近い機能を持つシステムと比較し，実行結果を評価する指標を定めてテストすることがよく行われる．このテストにより，検証および妥当性確認を実現しやすくなる．

メタモルフィックテスティングでは，テスト対象のシステムにおいて，ある入力Iに対し出力Oを得た後，メタモルフィック関係にもとづいて，入力I'に対する出力が満たすべき性質O'を定め，この性質を確認するテストを行う．メタモルフィック関係が成り立たない場合には，システムの不具合を意味するほか，システムに対する理解が不十分であったことを示すこともあるので留意する必要がある．

頑健性検査では，微少なノイズ付加など，出力に大きな変化を与えないことが期待される入力の変化を定め，その変化により出力が確かに大きく変わらないことを，テストや形式検証により検査する．この検査を実施することにより，セキュリティ攻撃も含め，運用環境に存在する外乱の影響が十分少ないかを評価したり，あるいは外乱によるリスクを把握したりできるという効果がある．

ニューロンカバレッジにもとづくテスティングでは，アクティベーションと呼ぶニューロンの発火の有無，ニューロンにより計算された値の大小，レイヤーに含まれるニューロンの発火パターンなどの多様性を評価する．従来のソフトウェアのカバレッジと異なり，ニューロンカバレッジを100%に上げることは難しいだけでなく，必ずしも意味があることとはいえないことに留意する必要がある．

問題 69　IoT システムにおける品質　正解と解説

正解

エ

出題分野

SQuBOK 樹形図の「5. ソフトウェア品質の応用領域」の「5.2　IoT システムにおける品質」からの出題である．この問題は，IoT セキュリティ技術に関する基本的な考え方および具体的なプラクティスを確認する問題である．

正解の説明

選択肢ア，イ，ウは，IoTセキュリティプラクティスの記述として適切である．

選択肢エに関して，機微情報を保護してIoTシステム全体をセキュアとするためには，許可されたクライアントだけがデバイスを検出できるようにするサービスの仕組みと認証プロトコルが必要である．したがって，選択肢エの記述は不適切である．

解説

IoTシステムにおいては，さまざまなデバイスがインターネットに接続されることに伴い多くの脅威を生むこととなり，構成するデバイス，ネットワーク，さらにはシステム全体のあらゆるレベルにおけるセキュリティ対策が必要である．IEEE Internet Technology Policy Communityでは，それぞれのレベルについて次にあげるIoTセキュリティベストプラクティスを示している．これらのベストプラクティスを適用することによって，IoTシステムのセキュリティを維持することが重要である．

デバイスのレベルでは，ハードウェアを耐タンパーにすること，ファームウェアの更新やパッチの提供，動的テストの実施，および，デバイスを廃棄する際のデータ保護手順の指定があげられている．耐タンパーとは，外部から行われる内部データへの改ざん，解読，取出しなどの行為に対する耐性をいう．デバイスはしばしば無人の環境で動作するため，物理的なカバーやポートロックなどにより多層防御を強化することが求められる．また，デバイスが配備された後にも脆弱性は発見され得るため，デバイスは更新可能でなければならない．これにより，デバイスのライフサイクルを通しての保護や監視に法的な責任をベンダーが持つようにする．

ネットワークのレベルでは，強固な認証の使用，強力な暗号とセキュアなプロトコルの使用，デバイスの帯域の最小化，および，ネットワークのセグメント化があげられる．セグメント化について，VLANなどを用いてネットワークをより小さなローカルネットワークに分割し，そのうえでファイアウォールなどにより適切なポリシーを適用することが重要である．

システム全体のレベルでは，機微情報の保護，倫理的ハッキングや包括的なセーフハーバーの奨励，IoTセキュリティおよびプライバシー認証委員会の設置があげられる．機微情報の保護については，許可されたクライアントのみがデバイスを検出できるようにするサービスの仕組みと認証プロトコルが重要である．また，セーフハーバーとは，特定の条件を満足する場合に法令違反を問われないという範囲の明確な規定や法令であり，研究や倫理的なハッキングを許可するために奨励されている．

問題70　アジャイル開発とDevOpsにおける品質　正解と解説

正解

イ

出題分野

SQuBOK樹形図の「5. ソフトウェア品質の応用領域」の「5.3 アジャイル開発とDevOpsにおける品質」からの出題である．この問題は，アジャイルメトリクスに関する基本的な考え方および具体的な方法を確認する問題である．

正解の説明

選択肢アに関して，アジャイルメトリクスとは，アジャイル開発における短期間の各イテレーションにおいて所定の品質を確保するために使用するメトリクスをさす．したがって，選択肢アの記述は不適切である．

選択肢イに関して，アジャイル開発では要件を実現するのに必要な作業量の把握にストーリーポイントがよく使用される．ストーリーポイントでは絶対値ではなく，基準に対して比較した相対値を用いる．相対値により，各個人の能力の違いによらずにチームとしてある程度の正確さをもって見積もる．したがって，選択肢イの記述は適切である．

選択肢ウに関して，従来からのウォーターフォールモデル開発で使用されているバグ数やテスト項目数などのメトリクスは，アジャイル開発の特性を考慮し測定方法を工夫したうえで，アジャイル開発でも使われている．したがって，選択肢ウの記述は不適切である．

選択肢エに関して，アジャイル開発では個々の開発チームの自由裁量を尊重しながら，共通メトリクスを決めるなどの考慮が望ましい．収集データを他の開発チームと比較するなど，組織的な分析に用いる場合は，比較可能なように測定方法を統一しておく必要がある．プロジェクトごとに必ず異なる測定方法を採用しなければならないということではないため，選択肢エの記述は不適切である．

解説

アジャイルメトリクスは，アジャイル開発の各イテレーションにおいて，開発プロセスや成果物，開発チーム運営を定量的に評価し，改善するために用いるものである．

アジャイル開発でよく使用されるメトリクスに，ストーリーポイントやベロシティがある．ベロシティは単位イテレーションあたりの完了したストーリーポイント値である．短期間の繰り返し開発というアジャイル開発の特性から，製品リリースまでのリードタイムなども使われる．アジャイル開発では，コードメトリクスやセキュリティ脆弱性チェック結果などのツールで自動測定できるメトリクスを積極的に適用する．日々自動測定して，問題があれば直ちに修正する．

従来からのウォーターフォールモデル開発で使用されているバグ数やテスト項目数などのメトリクスは，アジャイル開発でも使われているが，アジャイル開発の特性を考慮し，測定方法に工夫が必要である．例えば，テスト駆動開発における機能追加前のテストの失敗は意図したものであるため，バグとして計上を開始するタイミングについて事前に関係者で合意しておく必要がある．

アジャイル開発では，イテレーション期間や開発チームの人数だけでなく，採用するプラクティスによっても大きく条件が異なる可能性があるため，個々の開発チームの自由裁量を尊重しながら共通メトリクスを決めるなどの考慮をするとよい．

問題 71　クラウドサービスにおける品質　正解と解説

正解

ウ

出題分野

SQuBOK 樹形図の「5. ソフトウェア品質の応用領域」の「5.4　クラウドサービスにおける品質」からの出題である．この問題は，クラウドサービスの機能適合性および互換性に関する基本的な考え方を確認する問題である．

正解の説明

選択肢ア，イ，エは，クラウドサービスの機能適合性および互換性に関する記述として適切である．

選択肢ウに関して，クラウドサービスの仕様変更時に機能の互換性を維持するかどうかについては，クラウトサービスプロバイダーとカスタマーとの間のサービスレベルアグリーメント（SLA）に照らして抵触するかどうかにより判断する．したがって，選択肢ウの記述は不適切である．

解説

クラウドサービスの機能適合性および互換性とは，利用側であるクラウドサービスカスタマーがクラウドサービスの機能を利用するときのニーズに対する，提供側であるクラウドサービスの機能の提供度合い，および要求された機能を実行したり情報を交換できる度合いをさす．

クラウドサービスカスタマーにおいて，機能の品質として，文書と実態の整合性，明文化されていないクラウドサービスの版間の機能の互換性が関心事となる．特に問題となるのは，クラウドサービスプロバイダー側が行う，クラウドサービスの仕様変更によるバージョンアップである．クラウドサービスの仕様変更時に，互換性を維持するかどうかは，クラウドサービスの SLA に依存するが，維持されない場合はクラウドサービスカスタマー側で対処が必要となる．仕様変更によるバージョンアップではない場合にも，クラウドサービスの版間の機能の互換性に問題が生じることがある．クラウドサービスの多くは内部が断片的にしか公表されておらず，クラウドサービスカスタマーの観点からは，技術的にブラックボックスである．そこで，自動テストなどでの定期的な確認により，仕様に明示されていない部分で利用に問題がないかを早期に検知することが必要である．さらに，クラウドサービスが一時的または恒久的に停止する可能性もあるため，必要に応じ代替手段を講じておくことも重要である．

クラウドサービスプロバイダーにおいて，クラウドサービスの仕様変更時に機能の互換性を維持するかどうかは，まずクラウドサービスカスタマーとの間のSLAに照らして判断する．SLAに抵触しなければ，維持する場合と維持しない場合それぞれのメリットとデメリットのバランスを鑑みて判断する．互換性を維持する場合，互換を維持するためのシステムの並行運用による維持コストの増大，内部アーキテクチャの技術的負債の増大といったデメリットがある．またクラウドサービスの改修頻度が高い場合，インターフェースのドキュメントを実装から自動的に生成することにより，工数やミスを低減できる．

問題72　オープンソースソフトウェア利活用における品質　正解と解説

正解

ア

出題分野

SQuBOK樹形図の「5. ソフトウェア品質の応用領域」の「5.5　オープンソースソフトウェア利活用における品質」からの出題である．この問題は，オープンソースソフトウェア(OSS)を利活用する際の基本事項を確認する問題である．

正解の説明

OSSには，著作権があるソフトウェアと同じくライセンスという概念がある．ソースコードが公開されており，ソースコードの頒布も許可されているが，OSSの利用者はOSSライセンスを遵守することが必要である．

したがって，選択肢アの記述は不適切である．

解説

OSSは，豊富な機能や高い品質を有するソフトウェアとして認知されるようになり，OSSを利活用したビジネスやシステムが増えている．また，容易にソフトウェアの公開を可能にしたGitHubの普及により，OSSが加速度的に増えている．

OSSには，著作権があるソフトウェアと同じくライセンスという概念がある．OSSはソースコードが公開されており，ソースコードの頒布も許可されているが，OSSの利用者はOSSライセンスを遵守することが必要である．例えば，Open Source Initiative（OSI）の Debian Free Software Guideline（DFSG）では，自由な再配布，ソースコードの頒布を許可，派生ソフトウェアはオリジナルソフトウェアと同じライセンスで頒布，など数項目がライセンス面から定義されている．

OSSは開発者がソフトウェアのすべてを自ら実装する必要がない反面，OSSの中には，開発や保守が停止している製品もあり，注意が必要である．また，ソースコードが公開されているとはいえ，OSSの障害を改修することは容易ではない．このため，公開されているOSSの障害情報をWebなどから収集することにより，OSSの選択や障害対応を効率的に実現しなくてはならない．

効果的にOSSを利活用するためには，ソフトウェアの機能性や保守性を客観的に評価することはもちろん，ソフトウェアを開発する組織が将来的にも保守活動を行えるか否かなどを評価しておく必要がある．CHAOSS（Community Health Analytics Open Source Software）では，OSSプロジェクトの健全性と持続可能性を評価する4種類のメトリクスを提案している．

正解一覧

問題 1	エ	問題 25	イ	問題 49	イ
問題 2	ウ	問題 26	ア	問題 50	ウ
問題 3	ウ	問題 27	エ	問題 51	イ
問題 4	イ	問題 28	エ	問題 52	ウ
問題 5	ア	問題 29	イ	問題 53	エ
問題 6	ウ	問題 30	イ	問題 54	エ
問題 7	エ	問題 31	ウ	問題 55	エ
問題 8	ア	問題 32	ア	問題 56	エ
問題 9	ウ	問題 33	エ	問題 57	エ
問題 10	ア	問題 34	イ	問題 58	ウ
問題 11	イ	問題 35	ア	問題 59	イ
問題 12	ウ	問題 36	イ	問題 60	エ
問題 13	イ	問題 37	ア	問題 61	ウ
問題 14	エ	問題 38	エ	問題 62	ア
問題 15	イ	問題 39	ア	問題 63	ア
問題 16	エ	問題 40	エ	問題 64	イ
問題 17	ア	問題 41	ウ	問題 65	イ
問題 18	イ	問題 42	イ	問題 66	エ
問題 19	イ	問題 43	ウ	問題 67	イ
問題 20	ウ	問題 44	ウ	問題 68	ウ
問題 21	ウ	問題 45	ウ	問題 69	エ
問題 22	ウ	問題 46	エ	問題 70	イ
問題 23	ア	問題 47	エ	問題 71	ウ
問題 24	ウ	問題 48	ウ	問題 72	ア

編者

SQiP ソフトウェア品質委員会

著者紹介

渡辺喜道（わたなべ　よしみち）

山梨大学教授.

鷲崎弘宜（わしざき　ひろのり）

早稲田大学教授，国立情報学研究所客員教授，株式会社システム情報 取締役(監査等委員)，株式会社エクスモーション 社外取締役.

笹部　進（ささべ　すすむ）

一般財団法人 日本科学技術連盟 嘱託，元 日本電気株式会社.

辰巳敬三（たつみ　けいぞう）

一般財団法人 日本科学技術連盟 嘱託，元 富士通株式会社.

初級ソフトウェア品質技術者資格試験（JCSQE）
問題と解説【第3版】

2012年 4 月29日　初　版第 1 刷発行
2015年11月 5 日　初　版第10刷発行
2015年12月23日　第 2 版第 1 刷発行
2021年 8 月19日　第 2 版第 8 刷発行
2022年 4 月27日　第 3 版第 1 刷発行
2023年 6 月 9 日　第 3 版第 3 刷発行

編　者　SQiPソフトウェア品質委員会
著　者　渡辺喜道
　　　　鷲﨑弘宜
　　　　笹部　進
　　　　辰巳敬三
発行人　戸羽節文

検　印
省　略

発行所　株式会社 日科技連出版社
〒151－0051　東京都渋谷区千駄ヶ谷5－15－5
DSビル
電話　出版 03－5379－1244
　　　営業 03－5379－1238

Printed in Japan

印刷・製本　株式会社金精社

ISBN 978-4-8171-9752-8
URL https://www.juse-p.co.jp/